DK 693.28:658.532

FORSCHUNGSBERICHTE
DES LANDES NORDRHEIN-WESTFALEN

Herausgegeben durch das Kultusministerium

Nr. 734

Institut für Bauforschung e. V., Hannover

Arbeitstechnische und arbeitsphysiologische
Untersuchungen zur Erleichterung der Maurerarbeit

Als Manuskript gedruckt

WESTDEUTSCHER VERLAG / KÖLN UND OPLADEN

1959

Forschungsauftrag des Bundesministers für Wohnungsbau
und des Ministers für Wirtschaft und Verkehr
des Landes Nordrhein-Westfalen
durchgeführt vom
Institut für Bauforschung e. V., Hannover
unter Leitung von
Oberregierungsrat Dr.-Ing. Wolfgang Triebel

in Zusammenarbeit mit dem Max-Planck-Institut
für Arbeitsphysiologie, Dortmund

bearbeitet von

Dr.-Ing. Harri Adam

ISBN 978-3-663-03521-3   ISBN 978-3-663-04710-0 (eBook)
DOI 10.1007/978-3-663-04710-0

G l i e d e r u n g

1.	Vorbemerkungen	S. 5
2.	Aufgabe	S. 6
3.	Durchführung der Untersuchungen	S. 6
3.1	Dauer der Versuche	S. 6
3.2	Art und Umfang der Versuche	S. 6
3.21	Wahl der Steine	S. 6
3.22	Untersuchte Arbeitsverfahren	S. 7
3.23	Auswahl der Versuchsmaurer	S. 9
3.24	Baustelleneinrichtung	S. 9
3.25	Arbeitsbedingungen und Arbeitsanforderungen	S. 10
3.3	Zusammenstellung der Ergebnisse	S. 14
3.31	Versuche mit normalformatigen Vollsteinen	S. 14
3.311	Einzelverlegung mit NF-Vollsteinen nach DIN 105	S. 15
3.312	Zweimann-Gruppenarbeit mit NF-Vollsteinen nach DIN 105	S. 16
3.313	Die körperliche Beanspruchung der Versuchspersonen	S. 16
3.313.1	Pulsfrequenzmessung	S. 16
3.313.2	Respirationsmessung	S. 18
3.313.3	Ergebnisse der Respirationsmessung mit NF-Vollsteinen bei Einmannarbeit mit Kelle	S. 20
3.313.4	Ergebnisse der Respirationsmessungen bei Gruppenarbeit	S. 22
3.314	Vergleich der körperlichen Beanspruchung bei Einzelverlegung und Gruppenarbeit	S. 25
3.32	Versuche mit großformatigen Hohlblocksteinen nach DIN 18151	S. 25
3.321	Vorbemerkungen	S. 25
3.322	Rationalisierungsmöglichkeiten beim Verlegen von großformatigen Hohlblocksteinen	S. 26
3.323.11	Ergebnisse der Einmann-Reihenverlegung von Hohlblocksteinen mit Kelle	S. 28
3.323.12	Ermittlung der kalorischen Belastung	S. 29
3.323.13	Ergebnis der Respirationsmessung, Einmann-Reihenverlegung mit Kelle	S. 30
3.323.2	Weitere Ergebnisse beim Verlegen von Hohlblocksteinen in Einmann-Reihenverlegung mit Kelle	S. 31

3.323.31 Ergebnisse der Einmann-Reihenverlegung von Hohlblocksteinen mit Mörtelpfanne IV . . . . S. 32

3.323.32 Ergebnis der Respirationsmessungen, Einmann-Reihenverlegung mit Mörtelpfanne IV . . . . S. 34

3.323.41 Ergebnisse der Zweimann-Gruppenarbeit mit Mörtelschlitten (IFA) . . . . S. 35

3.323.42 Ergebnisse der Zweimann-Gruppenarbeit mit Mörtelschlitten nach SCHLEICHER (Glodschei) . . . . S. 37

4. Diskussion der Ergebnisse . . . . S. 38

5. Zusammenfassung der Ergebnisse . . . . S. 43

6. Literaturverzeichnis . . . . S. 45

    Anlage 1 bis 7 . . . . S. 49

1. Vorbemerkungen

Die Untersuchungen erfolgten im Auftrage des Bundesministeriums für Wohnungsbau und des Ministeriums für Wirtschaft und Verkehr des Landes Nordrhein-Westfalen.

Sie wurden vom Institut für Bauforschung e.V. in Zusammenarbeit mit dem Max-Planck-Institut für Arbeitsphysiologie durchgeführt.

Die nachfolgenden Firmen und Organisationen haben die Untersuchungen durch Bereitstellung von Materialien, Geräten und Arbeitsräumen unterstützt:

1. Aluminium-Werke Nürnberg GmbH.
2. Baugeschäft Heinrich Heeren, Hannover
3. Bundesministerium für Verteidigung Wehrbereich Hannover
4. Bundesverband der Betonsteinindustrie e.V., Bonn
5. Bundesverband der Deutschen Kalkindustrie E.V., Köln
6. Bundesvermögensverwaltung Hannover
7. Fachverband der Ziegelindustrie Niedersachsen
8. Garvens-Waagenfabrik GmbH., Hannover
9. Hauptverband der Kalksandsteinindustrie e.V., Hannover
10. Verband Rheinischer Bimsbaustoffwerke e.V., Neuwied.

An der Durchführung der Arbeiten nahm eine Arbeitsgruppe teil, die das Bundesministerium für Wohnungsbau ausgewählt hatte. Ihr oblagen vor allem die Prüfung des Arbeitsprogramms und die Stellungnahme zum Ergebnisbericht. Ihr gehörten an:

1. Professor Dipl.-Ing. Robert von HALASZ, Berlin
2. Baumeister HEEREN, Hannover
3. Professor Dr. med. LEHMANN, Max-Planck-Institut für Arbeitsphysiologie, Dortmund
4. Architekt BDA Dipl.-Ing. LOREY, Hannover
5. Professor Dr. med. E.A. MÜLLER, Max-Planck-Institut, Dortmund
6. Geschäftsführer E. NOTTBOHM, Hauptvorstand Gewerkschaft Bau, Steine, Erden
7. Oberstleutnant Dr.-Ing. SCHÖNEFELD, Bad Godesberg
8. Dipl.-Ing. SCHUPPERT, Hannover
9. Oberregierungsrat Dr. STUPP, Ministerium für Wirtschaft und Verkehr des Landes Nordrhein-Westfalen
10. Ministerialdirigent Dr.-Ing. E.h. WEDLER, Bundesministerium für Wohnungsbau, Bonn

Entscheidenden Anteil an dem Gelingen der Versuche haben die Maurer, Bauhilfsarbeiter und Lehrlinge der Bauunternehmung Heeren, Hannover, und die Studenten der Technischen Hochschule Hannover, der Technischen Universität Berlin und der Staatsbauschule Hildesheim.

Die Einsatzbereitschaft der med.-techn. Assistentin des Max-Planck-Instituts für Arbeitsphysiologie Dortmund, Fräulein PREISING, und des Arbeitsleiters des Instituts für Bauforschung, Herrn Dirk GERDES, muß in diesem Zusammenhang besonders hervorgehoben werden.

2. Aufgabe

Nachdem in vorhergehenden Untersuchungen die arbeitstechnische Eignung verschiedener Steinformate mit unterschiedlichem Gewicht festgestellt worden war, sollten die im Jahre 1956 durchgeführten arbeitstechnischen und arbeitsphysiologischen Versuche der Erprobung von verschiedenen Arbeitsverfahren und Arbeitsgeräten zur Erleichterung der Maurerarbeit unter vergleichbaren Bedingungen dienen. Außerdem sollten Untersuchungen über die zweckmäßige Arbeitsplatzgestaltung hiermit verbunden werden.

3. Durchführung der Untersuchungen

3.1 Dauer der Versuche

Die Versuche wurden in zwei Teilabschnitten, einem ersten vom 6.3. bis 24.3.1956, und einem zweiten vom 1.8. bis 6.10.1956, in Hannover-Bothfeld durchgeführt.

3.2 Art und Umfang der Versuche

Zur Lösung der Aufgabe war es erforderlich, verschiedene Arbeitsverfahren und Arbeitsgeräte für diejenigen Steinformate zu untersuchen, die sich bei vorhergehenden Versuchen als arbeitstechnisch günstig erwiesen hatten.

3.21 Wahl der Steine

Es wurden folgende Steinarten in den Vergleich einbezogen:

1. Vollziegel im Normalformat nach DIN 105
   (240 x 115 x 71)
2. Hochlochziegel mit Griffschlitz 2 1/4 NF nach DIN 105
   (240 x 175 x 113)

3. Leichtbetonhohlblocksteine 12 NF nach DIN 18151
   (490 x 240 x 238)

4. Kalksandhohlblocksteine 9 NF nach DIN 106
   (365 x 240 x 238)

A b b i l d u n g   1
Bei den arbeitstechnischen Versuchen 1956
verwendete Einhandsteine

3.22 Untersuchte Arbeitsverfahren und Geräte

Grundsätzlich bestehen zwei Arbeitsverfahren beim Verlegen von Steinen.

1. Die Einzelverlegung

Wesentliches Kennzeichen ist, daß für jeden einzelnen Stein der erforderliche Maurermörtel unmittelbar vor dem Verlegen des Steines aufgebracht (ein Stein - ein Mörtel), und daß jeder Stein einzeln mit geschlossener Stoßfuge vermauert wird.

2. Die Reihenverlegung

Die Lagerfuge für mehrere Steine wird in einem Arbeitsgang aufgebracht. Erst dann werden in einem weiteren Arbeitsgang die Steine nacheinander verlegt.

Das letzte Arbeitsverfahren ist in vielen Ländern bekannt. Man fördert seine Anwendung aber besonders in der Sowjetunion, Osteuropa und Mitteldeutschland. Bei einigen dieser neueren Methoden hat man jedoch - vermutlich infolge Facharbeitermangels - eine weitgehende Arbeitsteilung vorgenommen. Während der Facharbeiter bei der herkömmlichen <u>Einmann-Arbeit</u> alle Arbeitsgänge selbst ausführt, obliegen ihm bei der sogenannten <u>Gruppenarbeit</u> nur diejenigen Arbeitsgänge, die spezielle

Fachkenntnisse erfordern. Durch die übrigen Mitglieder der Arbeitsgruppe wird er von allen Nebenarbeiten weitgehend entlastet.

Grundsätzlich kann man zur Gruppenarbeit bemerken, daß sie selbst noch keine Rationalisierung der Arbeit darstellt, denn es werden lediglich die auftretenden körperlichen Beanspruchungen auf mehrere Gruppenmitglieder verteilt. In der Praxis zwingt jedoch die Arbeit in der Gruppe, von der Einzelverlegung zur Reihenverlegung überzugehen. Dabei werden die Leistungssteigerungen, die auf diesem Wechsel der Verlegemethode beruhen, oft fälschlich der Gruppenarbeit zugeschrieben, obwohl sie auf das Reihenverlegen zurückgehen. Für westdeutsche Verhältnisse bietet die Gruppenarbeit wegen der geringen Differenz zwischen den Löhnen der Hilfs- und Facharbeiter nur dann einen wirtschaftlichen Vorteil, wenn die von der Gruppe erzielte Mehrleistung die Summe der Einzelleistungen einer gleichen Anzahl nach dem Verfahren der Einmann-Arbeit tätigen Facharbeiter übersteigt. Dabei darf aber die körperliche Entlastung des Facharbeiters nicht zu einer physischen Überlastung eines anderen Gruppenmitgliedes führen.

Es wurden daher in die Vergleichsuntersuchungen
        die Einmann-Arbeit als Einzelverlegung und
        die Zweimann-Gruppenarbeit als Reihenverlegung
aufgenommen.

Die Wahl der Zweier-Gruppe - ein Facharbeiter und ein Hilfsarbeiter - erfolgte, weil die in Deutschland üblichen Wanddicken den Einsatz von Dreier- bis Fünfer-Gruppen - ein Facharbeiter und zwei bis vier Hilfsarbeiterinnen - als unzweckmäßig erscheinen ließen, die sich bei den dickeren Wänden in der Sowjetunion bewährt haben.

Aus der Zahl der Arbeitsgeräte wurden

1. die herkömmliche Maurerkelle,
2. eine neu entwickelte Mörtelpfanne,
3. eine in Mitteldeutschland häufig verwendete Mörtelschaufel, (Brigade Schilf)
4. ein in Mitteldeutschland entwickelter Mörtelschlitten, (Glodschei)
5. ein in Westdeutschland auf dem Markt befindlicher Mörtelschlitten (IFA)

untersucht, wobei die unter 3, 4, 5 aufgeführten Arbeitsgeräte bei der Gruppenarbeit verwendet wurden. Die Geräte sind in Anlage 1, Seite 49 übersichtlich zusammengestellt worden.

3.23 Auswahl der Versuchsmaurer

Wesentlich für die Verallgemeinerungsfähigkeit von Messungen an und mit Menschen ist die Auswahl der Versuchspersonen. Im vorliegenden Falle wurden folgende Anforderungen gestellt:

1. Die Fachkenntnisse und die Arbeitsleistung der Versuchsmaurer sollten "normal" im Sinne des Refa sein.

2. Die körperliche Eignung sollte als "durchschnittlich" für mittelschwere Arbeiten bezeichnet werden können.

3. Die charakterliche Veranlagung der Maurer sollte so beschaffen sein, daß sie einerseits ihren Leistungsgrad unter dem Einfluß der ununterbrochenen Beobachtung möglichst wenig veränderten, andererseits aber bereit waren, sich den häufig wechselnden Arbeitsanforderung - eine mehrwöchige Einarbeitungszeit konnte leider nicht gewährt werden - anzupassen.

Es kann festgestellt werden, daß die ausgewählten Versuchsmaurer die obigen Anforderungen erfüllt haben. Die wichtigsten physiologischen Angaben über die Versuchsmaurer sind in Tabelle 1 zusammengestellt.

Tabelle 1

Physiologische Daten der Versuchsmaurer

	Alter Jahre	Gewicht [kg]	Ruhepuls Ps/min.	LPI	Ruheumsatz [kcal/min]	Größe [m]
Maurer A	49,1	70,0	54	3,39	1,061	1,66
Maurer B	29,8	67,2	55	4,22	1,138	1,70

Die Maurer wurden im Max-Planck-Institut für Arbeitsphysiologie, Dortmund, ärztlich untersucht und als durchschnittlich leistungsfähig im Sinne des Untersuchungszwecks bezeichnet.

3.24 Baustelleneinrichtung

Damit die sich über mehrere Wochen erstreckenden Messungen nicht durch zufällige Witterungseinflüsse beeinträchtigt werden konnten, wurde auf dem ebenen Betonfußboden einer geschlossenen Halle ein den Gepflogenheiten der Praxis entsprechender Arbeitsplatz mit Gerüstriegeln und

Rüstbrettern errichtet. Der Grundriß der Einrichtung der Versuchsbaustelle des 1. Abschnitts geht aus Abbildung 2 hervor. Beim 2. Abschnitt mußte aus Raummangel die Baustelleneinrichtung entsprechend Abbildung 3 abgeändert werden.

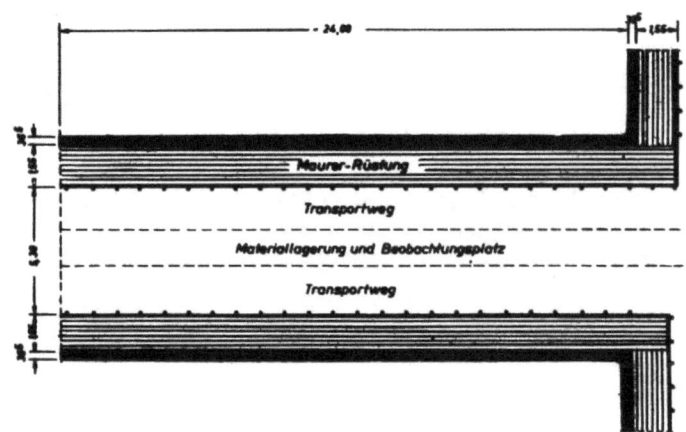

Abbildung 2
Grundriß der Versuchsbaustelle während des ersten Versuchsabschnittes

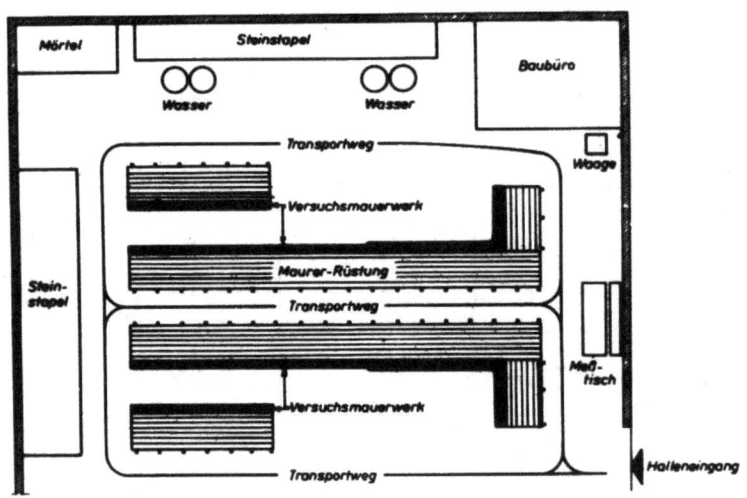

Abbildung 3
Grundriß der Versuchsbaustelle während des zweiten Versuchsabschnittes

3.25 Arbeitsbedingungen und Arbeitsanforderungen

Jeder Maurer arbeitete jeweils an mehreren - im allgemeinen drei - Arbeitstagen mit einer Steinart und dem gleichen Gerät. Jeder Versuchstag umfaßte 8 1/2 volle Arbeitsstunden, die in drei Arbeitsabschnitte mit dazwischenliegenden Pausen aufgegliedert waren. Die zeitliche Gliederung entsprach der Pauseneinteilung der Bauunternehmung der Versuchsmaurer und war bei früheren Untersuchungen des Instituts ebenfalls so gewählt worden.

Arbeitsabschnitt I von 7.30 bis 9.30 Uhr	= 2	Arbeitsstunden
Frühstückspause 9.30 bis 9.45 Uhr		
Arbeitsabschnitt II 9.45 bis 12.45 Uhr	= 3	Arbeitsstunden
Mittagspause 12.45 bis 13.15 Uhr		
Arbeitsabschnitt III 13.15 bis 16.45 Uhr	= 3 1/2	Arbeitsstunden
	= 8 1/2	Arbeitsstunden

Jeder Maurer hatte an jedem Versuchstag eine Wand von 1,25 m Höhe (ca. 1,37^5 cm über Oberkante Rüstbrett), bestehend aus einem Pfeiler, einer Fensteröffnung, einer Ecke und dann wechseln Fensteröffnung und Wand entsprechend seiner Leistungsfähigkeit zu errichten. Damit konnte auch der Einfluß der Ermüdung festgestellt werden, Form und Gliederung der Mauerwerkskörper ist aus Abbildung 4 ersichtlich.

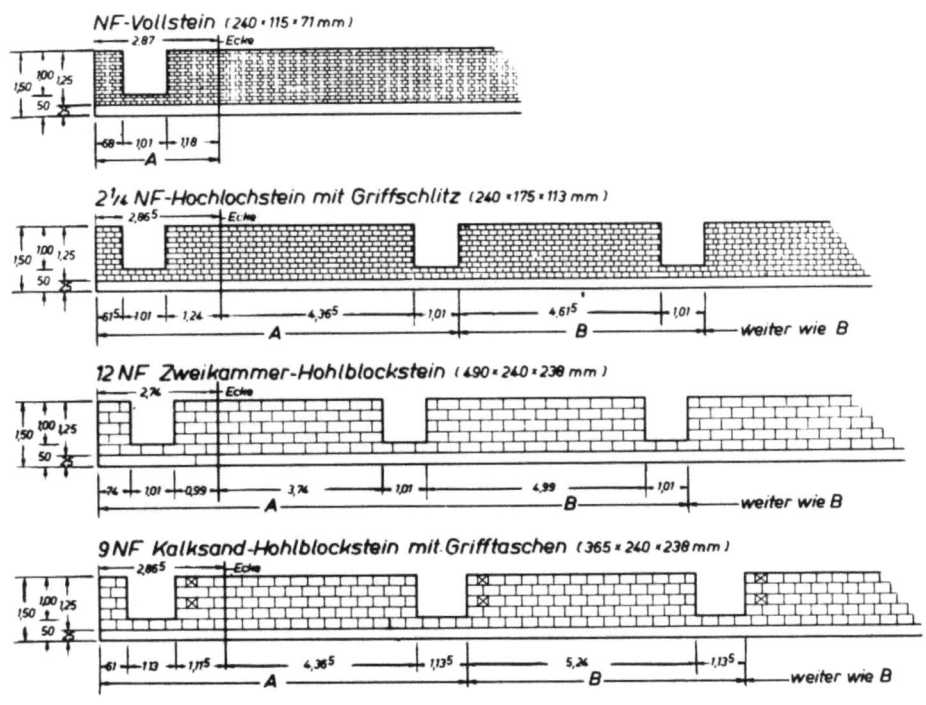

A b b i l d u n g   4

Form und Gliederung der Mauerwerkskörper

Der Maurer hatte bei der Einmann-Arbeit alle Haupt- und Nebenarbeiten zu leisten. Steine, Mörtel und Wasser wurden von Hilfskräften auf der Rüstung bereitgestellt, so daß hierdurch keine Verteilzeiten entstanden.

Die Arbeitstemperatur war normal. Auf die Häufigkeit, Dauer und Lage der willkürlich gewählten persönlichen Verteilzeiten[1] (Kurzpausen) wurde keinerlei Einfluß ausgeübt.

Die Bezahlung der Maurer erfolgte im Stundenlohn, irgendwelche Prämien wurden weder versprochen noch gezahlt.

Das Gewicht des verarbeiteten Mörtels und des benötigten Wassers wurde mit geeichten Meßgefäßen für den ganzen Arbeitstag exakt festgestellt.

Von Arbeitsbeginn bis Arbeitsende wurden von Zeitnehmern nur mit Unterbrechungen während der Frühstücks- und Mittagspause fortlaufende Zeitmessungen gemacht.

Im ersten Versuchsabschnitt wurden Arbeitsschauuhren nach Poppelreuther (Fabrikat Kienzle) verwendet. Im zweiten Abschnitt wurden Teilzeitdrucker der Firma Ferrari (Berlin-Frohnau) benützt, die sich infolge ihrer Ganggenauigkeit und des verminderten Arbeitsaufwandes bei der Auswertung als zweckmäßig erwiesen.

A b b i l d u n g   5
Teilzeitdrucker der Firma Ferrari, Berlin

Bei den Arbeitszeitstudien wurden folgende Arbeitsgänge getrennt erfaßt:
1. Fluchtsteine verlegen
2. Anschlagsteine halbe und ganze, evtl. Viertelsteine verlegen

---

1. Persönliche Verteilzeiten = Fachausdruck des Refa für Pausen, die durch persönliche Bedürfnisse bedingt sind

3. Ecksteine verlegen
4. Vermörteln der Lagerfuge
5. Vermörteln der Stoßfugen
6. Einrichten des Arbeitsplatzes und Weichmachen des Mörtels
7. Loten und Messen
8. Steine behauen
9. Sonstige Nebenarbeiten
10. Sachliche Störung (sachliche Verteilzeit- ts)
11. Persönliche Pause (persönliche Verteilzeit- tp)

Die auf den Meßstreifen markierten bzw. gedruckten Meßwerte wurden vom Zeitnehmer sofort nach Beendigung seines Arbeitsabschnittes in einen Auswertungsbogen (Anlage 2, S. 50) eingetragen, der die Grundlage für die weitere Auswertung bildete.

Am Ende eines jeden Arbeitsabschnittes wurde auf einer Lichtpause die Form des inzwischen errichteten Mauerkörpers eingezeichnet und gleichzeitig die Zahl der in diesem Arbeitsabschnitt verlegten Steine mit den Aufzeichnungen der Arbeitszeitstudien verglichen. Diese und weitere Kontrollen ermöglichten es, auch geringfügige Irrtümer zu vermeiden.

Während der Arbeit wurde die Qualität der Ausführung in bezug auf Verband, Maßgenauigkeit und Sorgfalt der Fugenausbildung überwacht. Da die errichteten Mauerkörper täglich wieder abgetragen wurden, war eine laufende und lückenlose Kontrolle der Fugenausbildung möglich. Es konnte dabei festgestellt werden, daß beide Versuchsmaurer ihre Arbeiten sorgfältig und fachgerecht ausgeführt haben.

Einen Aufschluß über den körperlichen Einsatz und die Kreislaufbelastung der Versuchspersonen **bei den verschiedenen Arbeitsverfahren** kann man aus der Pulsfrequenz herleiten. Die Messung erfolgt mit Pulsfrequenzmessern.

Es handelt sich dabei um Geräte, mit deren Hilfe die Zahl der Pulsschläge fortlaufend während des ganzen Arbeitstages festgestellt werden kann. Es wurden tragbare und stationäre Pulsfrequenzmesser nach Professor E.A. MÜLLER, Max-Planck-Institut für Arbeitsphysiologie, Dortmund (s. Abb. 6) verwendet.

Für den Vergleich verschiedener Arbeitsverfahren ist es darüber hinaus auch erforderlich, den Energieaufwand zu kennen. Der Energieaufwand wurde mit der Respirationsgasuhr des Max-Planck-Instituts für Arbeitsphysiologie, Dortmund, gemessen. Die Ergebnisse der Zeitstudien wurden

A b b i l d u n g   6
Tragbarer Pulsfrequenzmesser nach
Professor E.A. MÜLLER, Dortmund

so zusammengefaßt, daß innerhalb der für einen Respirationsversuch zur Verfügung stehenden 10 Arbeitsminuten alle Arbeitsgänge entsprechend ihrem prozentualen Anteil an der Gesamtzeit auftreten, so daß diese 10 Testminuten der mittleren Arbeit mehrerer Arbeitstage entsprachen.

Die Versuchsperson führte die einzelnen Arbeitsgänge unter Kontrolle durch, wobei Anfang und Ende jeweils von der Aufsichtsperson angegeben wurde. Der zeitliche Ablauf und das Gewicht des während dieses Versuches zu errichtenden Mauerwerks sowie die Zahl der zu verlegenden Steine wurden für jede Versuchsserie konstant gehalten und sind im Bericht an geeigneter Stelle jeweils angegeben worden.

3.3 Zusammenstellung der Ergebnisse

3.31 Versuche mit normalformatigen Vollsteinen

Es empfiehlt sich, als Vergleichsmaßstab bei Maurerversuchen das Mauern mit normalformatigen Steinen zu wählen. Bei beiden Versuchsabschnitten wurden daher einige Versuchstage eingelegt, bei denen normalformatige Einhandsteine in Einzelverlegung verarbeitet wurden.

Daneben wurden im zweiten Versuchsabschnitt normalformatige Steine in Einmann-Reihenverlegung und in Zweimann-Gruppenarbeit mit der Mörtelschaufel (Schaufel Brigade Schilf) vermauert.

3.311 Einzelverlegung mit NF-Vollsteinen nach DIN 105

Beide Maurer arbeiteten mit Maurerkellen.

Das Gewicht der Kelle des Maurers A betrug 0,486 kg
" " " " " B " 0,355 kg

Der Gewichtsunterschied beruht darauf, daß die Maurer ihre eigenen Kellen benutzen.

Aus Tabelle 2 geht die Tagesleistung und das vermauerte Materialgewicht hervor.

Tabelle 2

Tagesleistung und verarbeitetes Materialgewicht bei Einmann-Einzelverlegung von NF-Vollsteinen

Maurer A	[m^2]	Materialgewicht [kg]
1.Versuchst.	4,543	3427
2.Versuchst.	4,731	3386
Maurer B		
1.Versuchst.	4,277	2971
2.Versuchst.	4,606	3154

In Tabelle 3 ist der prozentuale Anteil der Hauptarbeiten, der Nebenarbeiten und der Pausen aufgeführt.

Tabelle 3

Aufgliederung des Gesamtzeitaufwandes in % beim Vermauern von normalformatigen Vollsteinen in Einmann-Einzelverlegung

| | Maurer A | | Maurer B | |
	1. Tag	2. Tag	1. Tag	2. Tag
Hauptarbeiten	39,9	39,2	43,0	43,6
Nebenarbeiten	25,5	23,9	31,9	30,1
sachl. Pausen	1,0	1,5	0,4	1,5
persönl. "	33,6	35,4	24,7	24,8
	100,0	100,0	100,0	100,0

3.312 Zweimann-Gruppenarbeit mit NF-Vollsteinen nach DIN 105

Bei der Wanddicke von 36,5 cm wird die Gruppenarbeit nur in der Zweiergruppe empfohlen. Das Arbeitsverfahren hielt sich streng an das in Mitteldeutschland für die Zweiergruppe herausgegebene Instruktionsblatt, das in Abbildung 7 im Original wiedergegeben ist. Wesentliche Merkmale sind, daß der Maurer jeweils zwei Steine beidhändig mit Quetschfuge verlegt und daß die Steine vom Helfer bereitgelegt werden. Der Helfer bringt außerdem mit einer Mörtelschaufel (s. Anlage 1, Schaufel Schilf), die in der verwendeten Ausführung ein Leergewicht von 1,33 kg hatte, den erforderlichen Mörtel auf.

Tabelle 4

Leistung und Arbeitsanalyse der Gruppenarbeit
mit NF-Vollsteinen

	1. Tag Helfer	1. Tag Maurer	2. Tag Helfer	2. Tag Maurer	3. Tag Helfer	3. Tag Maurer
Arbeitsleistung [m²]	8.327		8.655		9.238	
Arbeitszeit [%]	49,8	68,9	43,6	60,8	46,6	67,3
Pausenzeit persönl.	22,3	22,9	31,2	29,4	23,0	21,9
Pausenzeit sachl.	27,9	8,2	25,2	9,8	30,4	10,8

3.313 Die körperliche Beanspruchung der Versuchspersonen

1. Pulsfrequenzmessung

Die Pulsfrequenz, also die Kreislaufbelastung der Maurer, wurde während der ganzen Versuchsreihe fortlaufend gemessen. Von der "Pulssumme" wurden die Ruhepulse der Maurer abgezogen, da sie nicht arbeitsabhängig sind. Der verbleibende Rest stellt die arbeitsabhängigen Pulse dar, die nachfolgend als Arbeitspulse bezeichnet werden sollen. Es hat sich als zweckmäßig erwiesen, zu Vergleichszwecken jeweils die Arbeitspulssumme je Leistungseinheit - in vorliegendem Falle je m^2 Mauerwerk - anzugeben. Die Pulsfrequenzmessung erbrachte bei der Einmann-Einzelverlegung 2270 Arbeitspulse/m^2 und bei der Zweimann-Reihenverlegung 1655 Arbeitspulse/m^2. Diese Minderung der Kreislaufbelastung um 27 % beim Reihenverlegen in

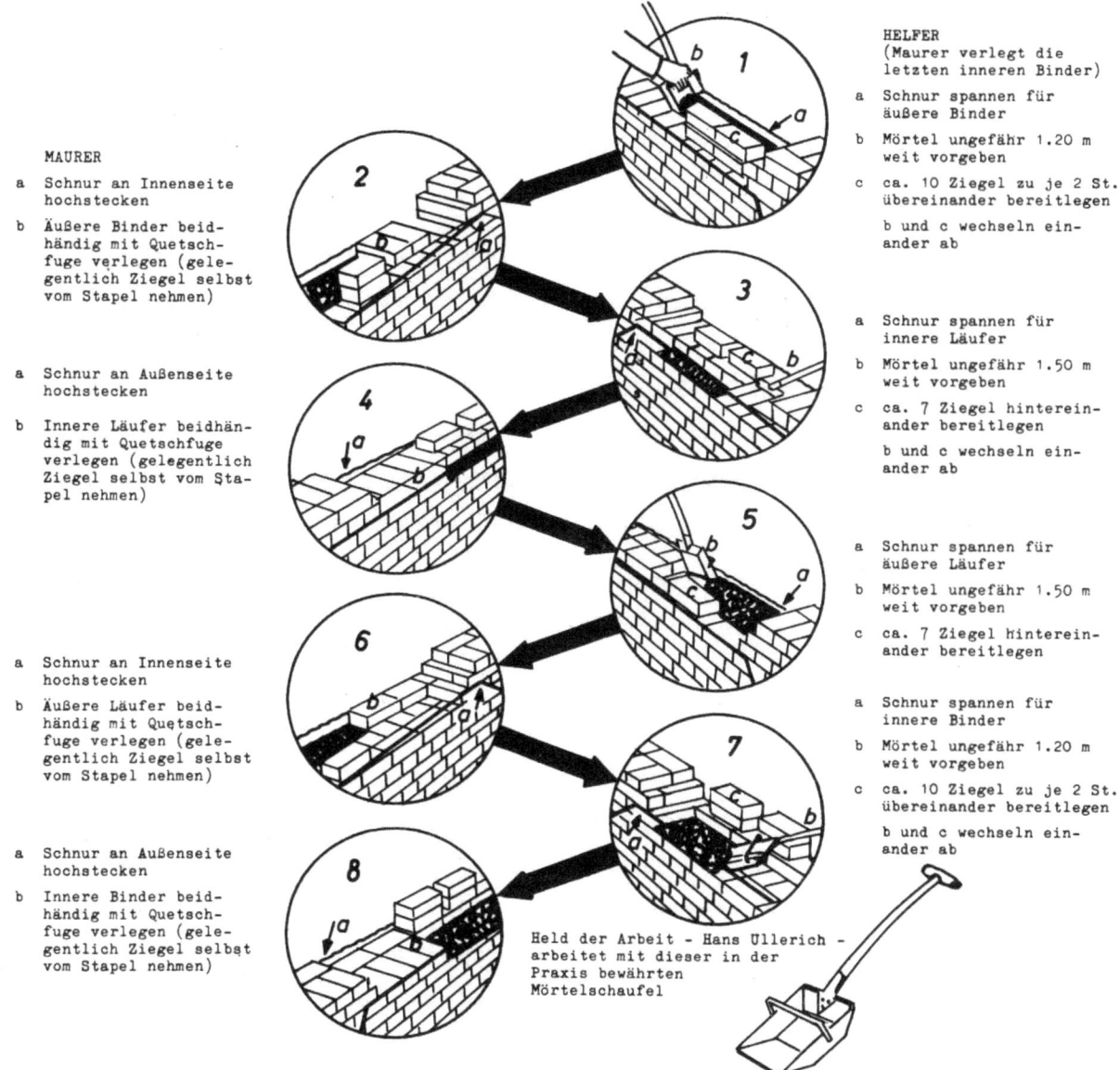

Abbildung 7
Instruktionsblatt für Gruppenarbeit

Gruppenarbeit gegenüber der Einmann-Einzelverlegung je Leistungseinheit stellt eine durch das Arbeitsverfahren bedingte fühlbare körperliche Entlastung der Maurer dar.

2. Respirationsmessung

Die Respirationsmessung gibt Aufschluß über die zur Bewältigung der Arbeitsaufgabe aufgebrachte Energie. Die Messung wurde derart ausgeführt, daß ein Teil der von der Versuchsperson ausgeatmeten Luft (etwa 3 ‰) in einer Gummiblase aufgefangen, nach Ende des Versuchs einen evakuierten Glaskolben umgefüllt und im Laboratorium des Max-Planck-Instituts für Arbeitsphysiologie auf seinen Sauerstoffgehalt hin untersucht wurde. Bei der Oxydation der Nahrung wird im Körper eine bestimmte Menge Sauerstoff für eine bestimmte Menge Arbeit und Wärmeenergie verbraucht.

Da der menschliche Körper keinen Sauerstoff speichern kann, ist das Sauerstoffdefizit der Ausatmungsluft während der Arbeit ein Maß für die umgesetzte Energie.

Da die Versuchsperson während der Messung durch ein Mundstück atmen muß, kann ihr nur eine begrenzte Versuchsdauer von ca. 10 bis 15 min zugemutet werden. Es mußte nun versucht werden, während der zur Verfügung stehenden Zeit die zu leistende Arbeit so zusammenzustellen, daß die von ihr verursachte Anstrengung etwa der mittleren körperlichen Belastung während der vorhergehenden Versuchstage entspricht. Dieses Ziel kann dadurch erreicht werden, daß man die mittlere Arbeitszeit mehrerer Tage für jede Arbeitsstufe im Verhältnis zur Gesamtarbeitszeit setzt und dann danach die vorgegebene Versuchsdauer aufgliedert.

Es gibt nun zwei Möglichkeiten, die Respirationsmessung durchzuführen. Die erste ist durch die sogenannte Vorperiode gekennzeichnet. Vom Beginn der Muskelarbeit bis zur Ausbildung eines konstanten Niveaus des Sauerstoffdefizits in der Ausatmungsluft benötigt der Körper eine bestimmte Zeit, deren Dauer von der Art der Anstrengung abhängig ist. Im allgemeinen wird angenommen, daß nicht mehr als 3 bis 5 min hierfür notwendig sind. Das Verfahren mit Vorperiode eignet sich besonders für Arbeiten, bei denen während der Versuchsdauer mit einem nahezu konstanten Energieaufwand gerechnet werden kann, denn hierbei läßt man die Versuchsperson einige Minuten arbeiten, bis die normale Arbeitsintensität erreicht ist, und setzt dann erst das Meßgerät in Tätigkeit. Am Ende der Versuchsdauer schaltet man das Gerät ab und kann dann durch Division des gemessenen Energieumsatzes durch die Versuchsdauer den Energieaufwand je Arbeitsminute feststellen.

Das zweite Verfahren, die sogenannte Integrationsmethode, wird für Versuche angewendet, während deren Dauer mehrere Arbeitsstufen mit unterschiedlichem Energieaufwand auftreten. Dieses Verfahren eignet sich daher auch für die Messung des Energieaufwandes bei der Maurerarbeit, der je nach der Arbeitsstufe zwischen 1, 2 und etwa 5,0 kcal/min schwankt. Am Versuchsbeginn wird bei der Integrationsmethode das Meßgerät in Tätigkeit gesetzt. Anfang und Ende sowie die Art jeder auszuführenden Arbeitsstufe wird während der Versuchsdauer der Versuchsperson durch eine Aufsichtsperson nach einem vorher festgelegten Programm angegeben. Am Ende der festgelegten Versuchsdauer stellt die Versuchsperson die Arbeit ein und verharrt noch weitere 5 min ruhig im Stehen. Erst nach Ende dieser sogenannten Nachperiode wird das Meßgerät abgestellt, während der Dauer der Nachperiode ist der Energieaufwand bei Ruhe im Stehen mit etwa 0,67 kcal/min bekannt. Den Energieaufwand je Arbeitsminute errechnet man dann, indem man vom gesamten Energiebedarf den bekannten Bedarf der Nachperiode abzieht und den verbleibenden Rest durch die Versuchsdauer ohne Nachperiode dividiert.

Für das Einzelverlegen in Einmann-Arbeit von NF-Steinen mit Kelle ergab die Zeitstudie folgendes Versuchsprogramm:

T a b e l l e 5

Versuchsprogramm für Respirationsmessungen mit NF-Vollsteinen in Einmann-Einzelverlegung

Arbeitsstufe	Einzelzeit 1/100 min	fortlaufd. Zeit 1/100 min
1. Weichmachen des Mörtels	123	123
2. Nebenarbeiten	14	137
3. Fluchtsteine 18 Stck. Gewicht 67,2 kg	492	629
4. Messen und Loten	186	815
5. Steine hauen	65	880
6. Eck- u. Anschlagsteine verlegen 3 x 1/2 Stein und 1 x 1/2 Stein ergreifen 7,44 kg	120	1000

Trotz der zeitlichen Festlegung der Dauer der Arbeitsstufen kann man nur verallgemeinerungsfähige Angaben aus den Ergebnissen der Respirationsmessung erhalten, wenn man den Arbeitsplatz entsprechend den in der Praxis herrschenden Bedingungen gestaltet. In der Regel arbeiten in Deutschland die Maurer etwa von Oberkante Decke bis etwa auf Höhe der Bockrüstung. Bereits vorliegende Respirationsmessungen haben bewiesen, daß das Arbeiten in gebückter Haltung besonders anstrengend ist. Auch von anderer Seite ist aufgrund von Zeitmessungen nachgewiesen worden, daß die Leistung bei verschiedener Arbeitshöhe unterschiedlich ist.

Die vorliegende Arbeit soll mögliche physische Erleichterungen beim Mauern bei verschiedener Arbeitshöhe und verschiedener Stapelhöhe der Baustoffe feststellen. Da die Arbeitsgeschwindigkeit und der Arbeitsumfang nach dem obigen Programm festgelegt waren, verblieben als Varianten die Arbeits- und die Stapelhöhen. Hielt man für eine Versuchsserie auch die Stapelhöhe konstant, so mußten die gemessenen Werte der körperlichen Anstrengung bei der zugehörigen Arbeitshöhe entsprechen. Aus Abbildung 8 ist der bei den Versuchen verwendete Arbeitsplatz in Grundriß und Schnitt dargestellt.

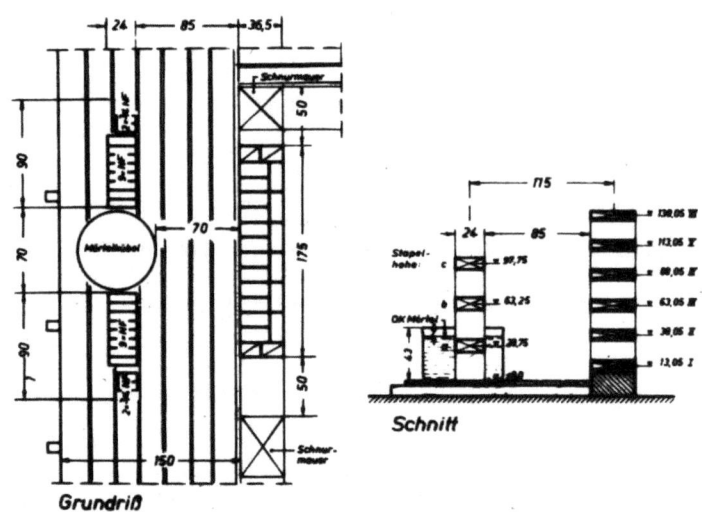

A b b i l d u n g   8
Arbeitsplatz für Respirationsmessungen mit Kelle.
Einmann-Einzelverlegung

3.3133 Ergebnisse der Respirationsmessung mit NF-Vollsteinen bei Einmannarbeit mit Kelle

Die im Max-Planck-Institut für Arbeitsphysiologie, Dortmund, ausgeführten Gasanalysen erbrachten folgenden mittleren Energieaufwand in kcal/Arbeitsminute:

Tabelle 6

Ergebnisse der Respirationsmessungen bei NF-Vollsteinen
Einmann-Einzelverlegung mit Kelle

Stapel-höhe	VP	Arbeitshöhe							MW	MW A + B
		I	II	III	IV	V	VI	VII		
a	A	3,5	3,2	2,9	3,4	3,5	3,6	3,7	3,4	2,95
	B	3,1	2,8	2,2	1,6	2,2	2,7	3,0	2,5	
b	A	3,6	3,0	2,8	2,9	3,0	3,6	3,7	3,2	2,9
	B	3,1	2,7	2,5	2,4	2,0	2,7	2,7	2,6	
c	A	3,9	3,0	2,8	2,7	3,0	3,8	3,7	2,8	2,7
	B	3,2	2,6	2,0	2,3	2,3	2,9	2,8	2,6	

Mit der vorstehenden Tabelle ist somit auch von der energetischen Seite her der Beweis erbracht, daß die günstigsten Arbeitshöhen für das Mauern zwischen 0,65 bis 1,10 m zu suchen sind. Infolge der Streuung der Meßwerte - es handelt sich jeweils um den arithmetischen Mittelwert von 3 Messungen - kann nur für den Maurer A ein Einfluß der Stapelhöhe abgeleitet werden. Die Stapelhöhe c mit 1 m scheint im vorliegenden Falle besonders günstig gewesen zu sein.

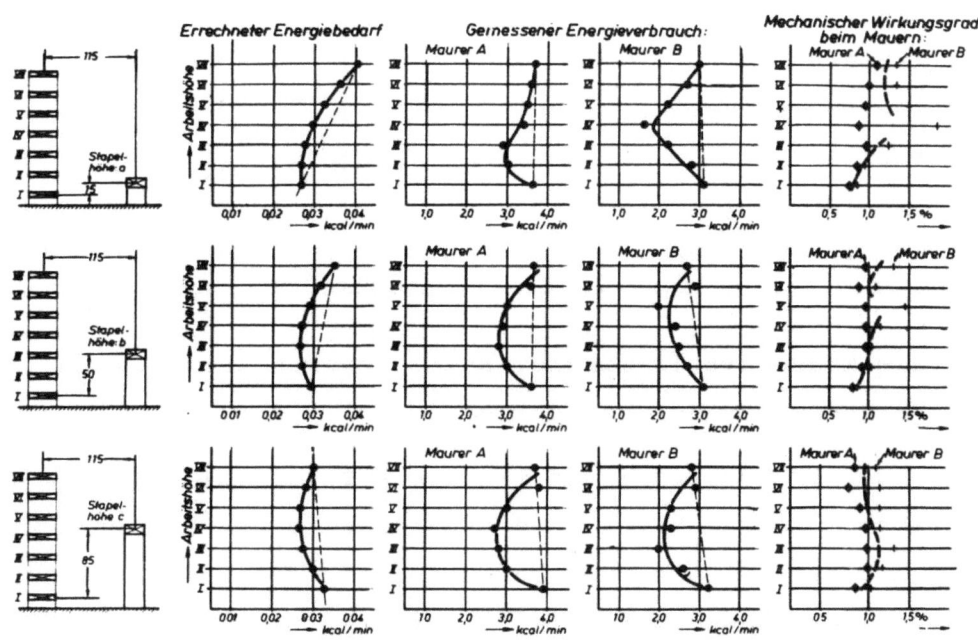

Abbildung 9

Ergebnisse der Respirationsmessung mit NF-Vollsteinen
Einmann-Einzelverlegung

3.3134 Ergebnisse der Respirationsmessungen bei Gruppenarbeit

Bei der Gruppenarbeit ist eine Nachprüfung des Energieaufwandes aller Mitarbeiter notwendig, da die Möglichkeit einer übermäßigen körperlichen Belastung einer Person durchaus möglich ist.

Damit eine zeitlich exakte Durchführung der Messung möglich war, mußte jedes Gruppenmitglied allein den Versuch durchführen.

Für die Versuchsperson A, die als Helfer tätig war, ergab sich der nachfolgende Versuchsablauf:

T a b e l l e   7

Versuchsplan für die Respirationsmessung
bei Gruppenarbeit (Helfer VPA)

Arbeitsstufe	Einzelzeit 1/100 min	Gesamtzeit 1/100 min
1. Mörtel weichmachen	246	246
2. Schnur spannen	129	375
3. Lagerfuge für 24 Flucht- u.2 Ecksteine	122	497
4. 26 Steine auf der Mauer bereitlegen	100	587
5. Schnur spannen	100	697
6. Lagerfuge für 11 Flucht- 2 x 3/4 und 1 x 1/2 Stein	66	763
7. 14 Steine bereitlegen	53	816
8. Nebenarbeiten	54	870
9. Lagerfuge für 15 Fluchtsteine	72	942
10. 15 Steine bereitlegen	58	1000

VP.B, die die Maurerarbeit machte, hatte dagegen den in Tabelle 8 angeführten Versuchsplan durchzuführen.

Beim Vergleich der Tabelle 7 und Tabelle 8 fällt auf, daß VP. B 40 Steine verlegt, während VP. A rund 55 Steine in dem gleichen Zeitraum vermörteln und bereitlegen muß. Der Grund für die unterschiedliche Arbeitsleistung ist in dem verschiedenen Pausenanteil beider Maurer zu suchen. Maurer A machte etwa 56 % mehr Pausen als VP. B. Sie waren z.T. sachlich bedingt, da VP. A warten mußte, bis VP. B das Schnurmauerwerk und einzelne Pfeiler in Einmannarbeit hochgemauert hatte. Infolge der

Tabelle 8

Versuchsplan für die Respirationsmessung
bei Gruppenarbeit (VP.B-Maurer)

Arbeitsstufe	Einzelzeit 1/100 min	Gesamtzeit 1/100 min
1. Messen	50	50
2. Weichmachen[2] des Mörtels	50	100
3. Steine hauen	112	212
4. 2 Ecksteine verlegen	60	272
5. 24 Fluchtsteine verlegen	340	612
6. Nebenarbeiten	100	712
7. 11 Fluchtsteine verlegen	156	868
8. 2 x 3/4 + 1 x 1/2 Stein verlegen	47	915
9. Messen und Loten	38	953
10. Nebenarbeiten	47	1000

unterschiedlichen Arbeitsaufgabe mußte auch der Arbeitsplatz für beide Versuchspersonen unterschiedlich gestaltet werden. Grundriß und Schnitt der Arbeitsplätze gehen aus Abbildung 10 hervor.

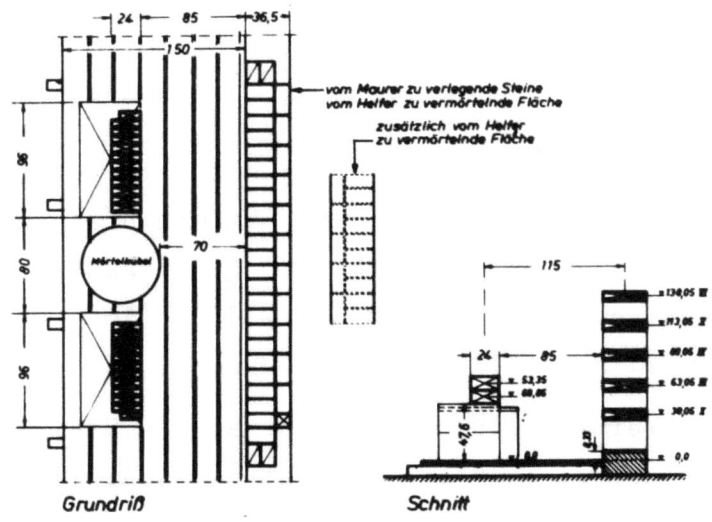

Abbildung 10

Arbeitsplatz für Respirationsmessungen bei Gruppenarbeit

---

[2]. Beim Weichmachen einer frischen Mörtelkastenfüllung unterstützte der Maurer den Arbeiter. Ein Verhalten, das in der Praxis ebenfalls zu beobachten ist

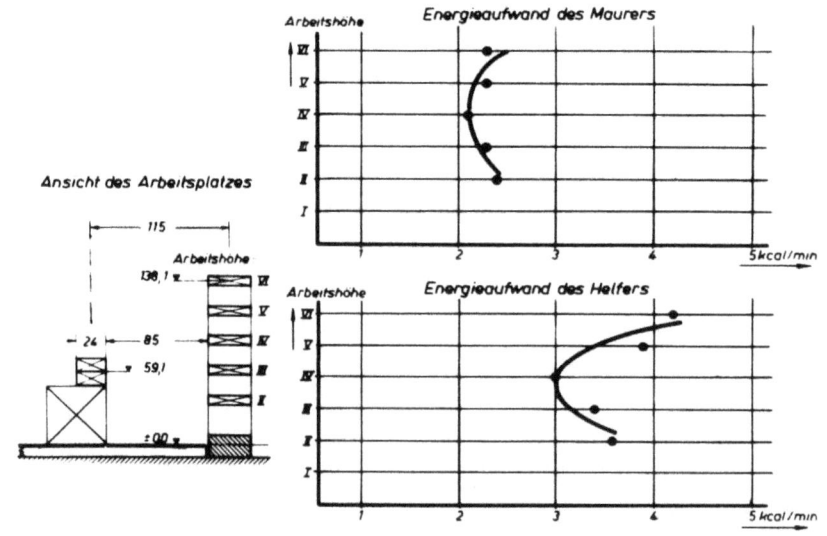

A b b i l d u n g 11

Ergebnisse der Respirationsmessung bei Gruppenarbeit

T a b e l l e 9

Ergebnisse der Respirationsmessungen bei
Gruppenarbeit mit NF-Vollsteinen

VP	Maurerhöhe					
	II	III	IV	V	VI	MW
A	3,6	3,4	3,0	3,9	4,2	3,6 kcal/min
B	2,4	2,3	2,1	2,3	2,3	2,3 kcal/min

Der arbeitstägliche Kalorienumsatz errechnet sich bei Helfer A mit 238 Arbeitsminuten zu 238 x 3,6 = 856 Arbeitskalorien/Tag und für Maurer B mit 335 Arbeitsminuten zu 335 x 2,3 = 770 Arbeitskalorien/Tag. Je qm errichtetes Mauerwerk entfallen somit 856 + 770 = 1626 : 8,739 = 186 Arbeitskalorien/qm (s. Abb. 11).

Die gegenüber dem Vermauern von normalformatigen Steinen in Einzelverlegung erzielte Einsparung an Energie beträgt 4 Arbeitskalorien/qm oder 2 %. Diese Differenz dürfte aber unter der Meßgenauigkeit der angewendeten Verfahren liegen, so daß ein merklicher Unterschied im Energiebedarf je Leistungseinheit zwischen Einmann- und Gruppenarbeit beim Vermauern von NF-Vollsteinen nicht abgeleitet werden kann.

3.314 Vergleich der körperlichen Beanspruchung bei Einzelverlegung und Gruppenarbeit

Es muß allerdings festgestellt werden, daß eine stärkere Belastung des Helfers bei der Gruppenarbeit vorliegt. Stellt man die vergleichbaren Werte der Tabelle 6 - Stapelhöhe c Arbeitshöhe II-VI - denen der Tabelle 9 gegenüber, dann betrug der mittlere Energiebedarf bei Einmann-Einzelverlegung bei VP. A 2,9 kcal/min, bei VP. B 2,4 kcal/min. Die Anstrengung je Arbeitsminute bei Gruppenarbeit liegt für den Helfer aber bei 3,6 kcal/min, er wird also ungleich schwerer belastet als bei Einzelverlegung. Den Ausgleich über den Arbeitstag erreicht er nur dadurch, daß er weniger arbeitet. Damit sind auch alle Versuche, die auffällig hohen Wartezeiten herabzumindern, unzweckmäßig, da sie zu einer körperlichen Überbelastung des Helfers führen müssen. Aus dem vorliegenden Versuchsergebnis kann man daher folgern, daß die Gruppenarbeit dort mit Erfolg angewendet werden kann, wo ein Mangel an qualifizierten Maurern besteht, die unter allen Umständen körperlich entlastet werden müssen, und wo niedriger bezahlte Hilfskräfte zur Verfügung stehen. Für den Bereich der westdeutschen Bauwirtschaft ist die Gruppenarbeit aber unzweckmäßig, denn sie bringt praktisch keine Leistungssteigerung, belastet aber ein Gruppenmitglied unverhältnismäßig hoch.

Die Güte des Mauerwerks liegt bezüglich der Ansichtsfläche unter der in Einzelverlegung erstellten Mauerwerks. Wegen der geringen Spanne zwischen Helfer- und Facharbeiterlohn besteht praktisch auch kein wirtschaftlicher Anreiz zur Gruppenarbeit.

3.32 Versuche mit großformatigen Hohlblocksteinen nach DIN 18151 (12 NF)

3.321 Vorbemerkungen

Bei vorhergehenden arbeitstechnischen Versuchen waren mit Hohlblocksteinen erhebliche Leistungssteigerungen gegenüber dem Mauern mit normalformatigen Vollsteinen festgestellt worden. Die beobachtete über 4 bis 5fache Leistung je Arbeitstag kann auf folgende Gründe zurückgeführt werden:

1. Das Mauerwerk aus Hohlblocksteinen konnte 24 cm dick gehalten werden, während das Vollstein-Mauerwerk zur Erfüllung des normengerechten Wärmeschutzes 36,5 cm dick sein muß.

2. Beim Vollsteinmauerwerk (36,5 cm) müssen je qm Ansichtsfläche etwa 150 Steine, beim Hohlblockmauerwerk (12 NF) 24 cm dick, brauchen jedoch nur 8 Steine je qm verlegt zu werden. Diese Verminderung der Zahl der zu verlegenden Steine verringert gleichzeitig die Zahl der erforderlichen Griffe und Bewegungen. Je qm Vollziegelmauerwerk muß sich der Maurer mindestens 150mal bücken. Bei jedem Bücken bewegt er jedoch seinen Oberkörper mit. Das Lastverhältnis des bewegten Körpergewichts, etwa 40 kg, zum Stein- und Mörtelgewicht, etwa 6 kg, K/St = 40/6 = 6,7, ist bei Vollziegeln besonders ungünstig. Beim Verlegen von Hohlblocksteinen mit Kelle, die beidhändig verlegt werden, werden für die 8 Steine/qm acht Bückbewegungen mit einem Verhältnis von etwa 40 : 24,5 = 1,6, und für das Vermörteln von Stoß- und Lagerfuge bei Reihenverlegung mit Kelle noch etwa 4 weitere unökonomische Bewegungen mit einem Lastverhältnis 40 : 1 = 40 notwendig.

Je qm Hohlblockmauerwerk kann also mit etwa 40 Bückbewegungen gerechnet werden. Damit ist aber zweifellos eine Verminderung der Kreislaufbelastung des Maurers verbunden.

3. Beim Vollsteinmauerwerk ist wegen der geringen Schichthöhen der Aufwand für Messen und Loten höher als beim Hohlblockmauerwerk.

4. Wegen des Mauerverbandes müssen beim Vollsteinmauerwerk, auch dann, wenn die Abmessungen des Mauerkörpers der Maßordnung im Hochbau (DIN 4172) entsprechen, Steine zugehauen werden. Beim maßgerechten Hohlblocksteinmauerwerk kann das Hauen der Steine dagegen völlig entfallen.

5. Der Maurer braucht beim 24 cm dicken Hohlblockmauerwerk ($\gamma = 1,2$ t/m^3) nur ein Steingewicht von etwa 350 kg/qm gegenüber rund 550 kg/qm beim 36,5 cm dicken Vollsteinmauerwerk zu verarbeiten. Damit ist eine Verminderung der kalorischen Belastung des Maurers verknüpft.

3.322 Rationalisierungsmöglichkeiten beim Verlegen von großformatigen Hohlblocksteinen

Unter Punkt 4 der vorstehenden Übersicht war festgestellt worden, daß beim Verlegen von Hohlblocksteinen mit Kelle zum Vermörteln der Stoß- und Lagerfugen etwa 4 sehr unökonomische Bückbewegungen notwendig sind. Eine weitere Rationalisierung des Mauervorganges muß daher zum Ziel haben, diese Bewegungen zu verringern.

Naheliegend wäre daher der Weg, das Fassungsvermögen der Kelle durch geeignete Maßnahmen zu heben, um so mit einer Bückbewegung mehr Mörtel auf die Mauer zu bringen.

Diese Überlegung führte zur versuchsweisen Anwendung der Mörtelpfanne. In Anlage 3 sind die Stufen der Entwicklung von der österreichischen Mörtelpfanne, die bereits 1940 Gegenstand von Untersuchungen durch TRIEBEL und SAUER war, zur Mörtelpfanne IV, die aufgrund von Vorversuchen vom Verfasser unter besonderer Berücksichtigung arbeitstechnischer und arbeitsphysiologischer Überlegungen im Institut für Bauforschung entwickelt worden ist, dargestellt.

Ein anderer Weg wurde vom Institut für Arbeitswissenschaft, Stuttgart, und von SCHLEICHER in Mitteldeutschland beschritten, indem sie von der Einmannarbeit zu Gruppenarbeit übergingen und das Aufbringen des Fugenmörtels mit einem Mörtelschlitten den Hilfsarbeitern überließen.

Der von SCHLEICHER beschriebene Mörtelschlitten (Anlage 1) wird in Mitteldeutschland zum vollfugigen Vermörteln von Vollsteinmauerwerk in der Zweier- und Dreiergruppe verwendet. Der Gedanke des Mörtelschlittens geht auf Architekt GUTZEIT, Brieselang bei Berlin, zurück und vereinigt in diesem Gerät Mörtelschöpfer und Mörtelschlitten..

Der Mörtelschlitten des IFA (Anlage 1) besteht aus dem eigentlichen Mörtelschlitten, mit dem der Lagerfugenmörtel streifenförmig aufgebracht werden kann, und einem Mörtelschöpfer. Mörtelschlitten und Mörtelschöpfer sollen nach den Arbeitsanweisungen des IFA vom Hilfsarbeiter gleichzeitig über die Mauer geführt werden, während der Facharbeiter die Steine versetzt und die anderen Facharbeiten ausführt.

Zweck der nachfolgend beschriebenen Versuche war es, unter vergleichbaren Bedingungen die vorstehend beschriebenen Arbeitsverfahren auf die zumutbare Dauerleistung und die damit verbundene körperliche Beanspruchung der Maurer hin zu untersuchen.

Als Vergleichsbasis wurde das bereits in früheren Versuchen untersuchte Arbeitsverfahren der Einmann-Reihenverlegung mit Dreieckskelle gewählt, mit dem auch diese Versuchsreihe eröffnet wurde.

3.323.11 Ergebnisse bei Einmann-Reihenverlegung von Hohlblocksteinen mit Kelle

Über je drei Arbeitstage wurden während des 1. Versuchsabschnittes großformatige Hohlblocksteine verlegt. Der Arbeitsplatz wurde entsprechend den Gepflogenheiten der Praxis im Raum Hannover ausgebildet.

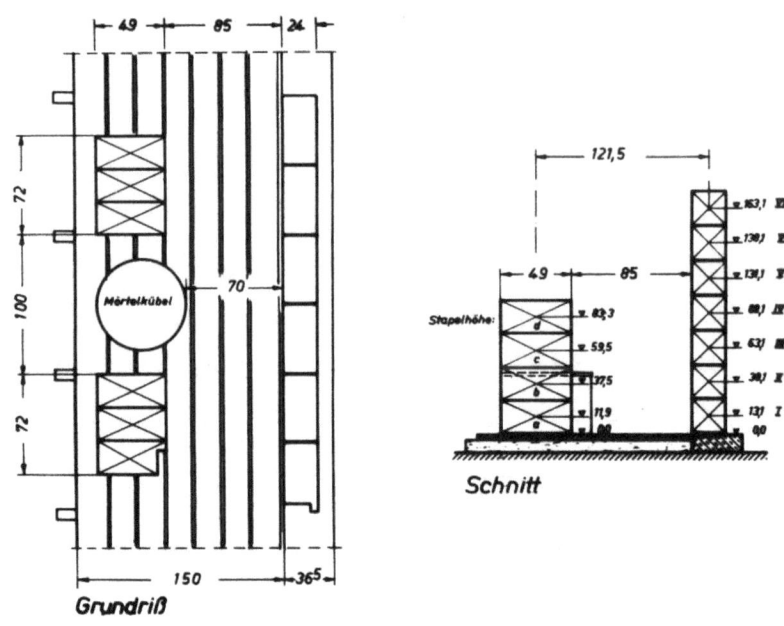

Abbildung 12

Arbeitsplatz für die Respirationsmessungen mit großformatigen Hohlblocksteinen. - Einmann-Reihenverlegung -

Die arbeitstägliche Leistung und die zugehörige Arbeitspulssumme, die nach den gleichen Gesichtspunkten wie bei den Versuchen mit Einhandsteinen ermittelt wurden, gehen aus Tabelle 10 hervor.

Tabelle 10

Arbeitstägliche Leistung und Arbeitspulssumme bei Einmann-Reihenarbeit mit Hohlblocksteinen

Maurer	Leistung in qm A	B	Arbeitspulse je Arbeitstag A	B
I	26,312	24,813	13175	13868
II	29,741	29,556	15681	14957
III	30,991	29,224	10988	12138
im M.	29,01	27,86 qm	im M. A + B 13468	
i.M. A + B	28,43 qm		13468 : 28,43 = 476 AP/qm	

Die Summe der Arbeitspulse von 476 AP/qm beweist, daß die Kreislaufbelastung des Maurers je qm Mauerwerk bei Hohlblocksteinen wesentlich geringer ist als beim Verarbeiten von NF-Vollsteinen. Die erzielte Leistung von 28,43 qm/Tag liegt zwar höher als sie auf Baustellen im Stundenlohn erzielt wird, es muß jedoch beachtet werden, daß die Arbeitsbedingungen relativ günstig waren.

3.323.12 Ermittlung der kalorischen Belastung

Ähnlich wie beim Vollziegelmauerwerk wurde auch beim Hohlblockmauerwerk in Respirationsversuchen der Energiebedarf der Versuchsmaurer - in Abhängigkeit von Arbeits- und Stapelhöhe - festgestellt.

Der Versuch setzte sich aus 10 min Arbeit und 5 min Ruhe im Stehen zusammen. Die Arbeit war wie folgt gegliedert:

T a b e l l e   11

Aufgliederung der Arbeit für die Respirationsmessung.
Einmann-Reihenverlegung

Art der Arbeit	Einzelzeit 1/100 min	fortlfd.Zeit 1/100 min
1. Weichmachen des Mörtels	118	118
2. Lagerfuge für 5 Fluchtsteine	186	304
3. 5 Fluchtsteine verlegen	180	484
4. Füllen der Stoßfugen	159	643
5. Loten, Messen, Nebenarbeiten	190	833
6. Lagerfuge für 1 Anschlagstein	37	870
7. 1 Anschlagstein verlegen	42	912
8. 1 Stoßfuge	32	944
9. Loten, Messen, Nebenarbeiten	56	1000

Um auch beim Verarbeiten von großformatigen Hohlblocksteinen den Einfluß verschiedener Arbeits- und Stapelhöhen erfassen zu können, wurden die Steine in vier verschiedenen Höhen gestapelt und in 7 bis 8 verschiedenen Höhen vermauert. Das Gewicht der während des Versuches verlegten Steine betrug 151,8 kg, die Ansichtsfläche 0,75 qm.

3.323.13 Ergebnisse der Respirationsmessung - Einmann-Reihenverlegung mit Kelle

Aus den Analysen der Respirationsversuche ist vom Max-Planck-Institut für Arbeitsphysiologie folgender Energiebedarf ermittelt worden:

T a b e l l e   12

Energieaufwand in kcal/Arbeitsmin bei Hohlblocksteinen, Einmann-Reihenverlegung mit Kelle

Stapel-höhe 1	Versuchs-person 2	Mittelwerte des Energieaufwandes in kcal/min								I:VI MW 11	A+B MW 12
		Arbeitshöhe									
		0 3	I 4	II 5	III 6	IV 7	V 8	VI 9	VII 10		
a	A B	5,1 3,6	5,1 3,5	3,7 2,6	3,7 2,8	3,1 2,7	3,6 2,6	3,5 3,0		3,8 2,86	3,3
b	A B	4,2 3,6	4,4 3,2	2,9 2,8	3,6 2,8	3,2 2,5	3,3 2,4	3,4 2,6	3,8 2,9	3,46 2,71	3,1
c	A B	4,9 3,3	3,7 3,1	3,5 2,4	3,2 2,4	2,9 2,4	3,3 2,8	2,8 2,5	3,5 2,0	3,23 2,6	2,91
d	A B	4,4 3,5	3,8 2,8	3,6 2,5	3,3 2,2	3,1 2,3	3,4 2,0	3,3 2,2	2,8 2,8	3,29 2,3	2,78

Jeder der in Tabelle 12 angegebenen Werte stellt für sich das arithmetische Mittel von 2 bis 3 Einzelmessungen dar.

Aus den Meßwerten lassen sich für beide Maurer auch unter Berücksichtigung der durch die Baustellenverhältnisse bedingten Streuungen - die Streuungsweite muß nach der graphischen Auftragung in einem Intervall von ± 0 bis etwa ± 5 %, in vereinzelten Extremfällen evtl. bei etwa ± 8 % vom hier angegebenen Wert gesucht werden und zeigt für praktische Baustellenmessungen außerordentlich enge Grenzen, die sowohl ein Beweis für die Güte der Meßmethode als auch eine Bestätigung für die sorgfältige Ausführung der Messungen selbst sind - die nachfolgenden grundsätzlichen qualitativ verallgemeinerungsfähigen Schlüsse ziehen.

1. Mit steigender Stapelhöhe nimmt die kalorische Beanspruchung der Maurer ab. Die mögliche Verminderung zwischen der Stapelhöhe a mit einer Schwerpunkthöhe von ca. 12,5 cm und Stapelhöhe d mit einer Schwerpunkthöhe von ca. 80 cm liegt etwa bei 0,5 kcal/min oder etwa 15 % des größten Wertes für beide Maurer.

2. Der Vergleich der Spalten 4 (Arbeitshöhe I) und 9 (Arbeitshöhe VI) mit dem arithmetischen Mittel der Spalten 6 und 7 (Arbeitshöhen III und IV), die praktisch die Mitte des Mauerkörpers darstellen, zeigt eindeutig, daß das Arbeiten von der Mitte nach unten hin anstrengender ist als von einer Höhe von 0,75 m nach etwa 1,5 m Arbeitshöhe hin. Setzt man bei Arbeit in mittlerer Höhe gleich 100 % für den Kalorienbedarf, so steigt die körperliche Beanspruchung bei Arbeiten in der untersten Schicht auf etwa 120 bis 150 %, beim Arbeiten in der obersten Schicht aber auf höchstens 108 % an. Damit ist auch der eindeutige Nachweis erbracht, daß das Mauern über 0,75 bis 1,00 m Mauerhöhe von der Gesamtkörperbilanz her kräfteschonender ist als das Arbeiten auf Standhöhe.

3.323.2 Weitere Ergebnisse beim Verlegen von Hohlblocksteinen in Einmann-Reihenverlegung mit Kelle

Die in Tabelle 10 angegebenen Werte wurden beim ersten Versuchsabschnitt im Frühjahr bei der Stapelhöhe a/b gefunden. Während des 2. Versuchsabschnittes wurde daher eine Kontrollmessung an einem weiteren Tag mit der Stapelhöhe c/d gemacht.

Versuchsperson	A	B	MW A/B
Leistung in qm	29,15	28,40	28,77
Arbeitspulse/Tag	105,01	87,36	96,18
Arbeitspulse/qm	360,24	307,60	334,31

Die Mittelwerte zeigen gegenüber dem 1. Versuchsabschnitt eine um 0,33 qm oder 1,16 % höhere Leistung bei einer um 139,17 AP/qm, also etwa 29,44 % geringeren Kreislaufbelastung.

Da mit Ausnahme der Temperatur und der Stapelhöhe keine weiteren Änderungen auftraten, kann dieses günstige Ergebnis praktisch nur auf die günstigere Stapelhöhe zurückgeführt werden. Diese Werte, die im gleichen Untersuchungsabschnitt wie die folgenden Messungen gefunden wurden, werden dem abschließenden Vergleich zugrunde gelegt.

3.323.31 Ergebnisse der Einmann-Reihenverlegung von Hohlblocksteinen mit Mörtelpfanne IV

Aufgrund von Vorversuchen während des 1. Versuchsabschnittes wurde die bereits bei früheren Versuchen verwendete sogenannte österreichische Mörtelpfanne unter Berücksichtigung arbeitsphysiologischer und arbeitstechnischer Gesichtspunkte geändert. In Abbildung 13 sind die österreichische und die vom Verfasser entwickelte Mörtelpfanne IV dargestellt.

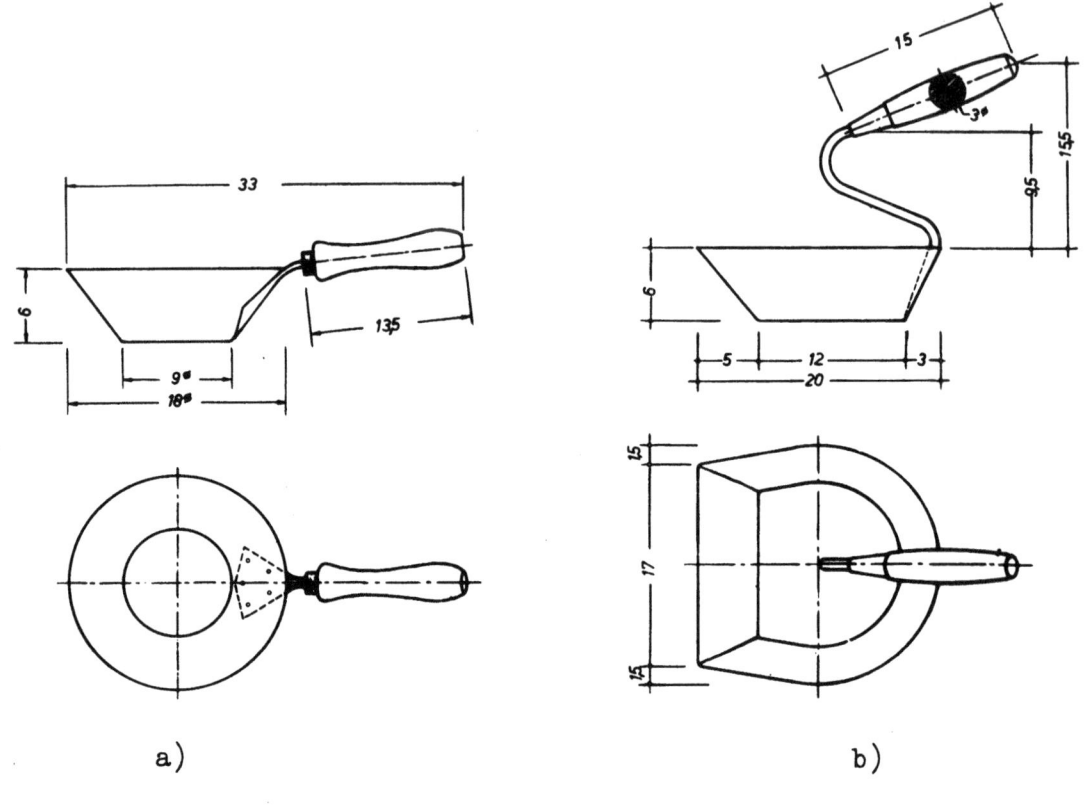

A b b i l d u n g   13
a) Österreichische Mörtelpfanne
b) verbesserte Mörtelpfanne

Die von den Maurern erreichten Arbeitsleistungen gehen aus Tabelle 13 hervor.

Aus dem Ergebnis läßt sich schließen, daß für die Mörtelpfanne praktisch kein Einarbeitungsaufwand erforderlich war. Der Leistungssteigerung von 2 % vom 1. zum 2. Arbeitstag kann keine Bedeutung beigemessen werden, da sie innerhalb der arbeitstäglichen, persönlich bedingten Leistungsschwankungen liegt.

Aus dem Wegfall des Einarbeitungsaufwandes und gegenüber der der Arbeit mit der Kelle nahezu gleichen Leistung kann geschlossen werden,

Tabelle 13

Verlegeleistung beim Vermauern von Hohlblocksteinen (12 NF)
in Einmann-Reihenarbeit mit Mörtelpfanne IV

Arbeitstag	Leistung in qm/Tag Maurer A	Maurer B	MW
1. "	27,90	28,15	28,63
2. "	28,40	28,78	28,59
3. "	28.53	29,28	28,90
MW	28,28	28,74	28,51

daß das Arbeiten mit der Pfanne sich von dem herkömmlichen mit der Kelle nicht wesentlich unterscheidet.

Der Vorteil der Mörtelpfanne muß sich in der körperlichen Beanspruchung, insbesondere bei der Pulsfrequenzmessung ausdrücken, da ja die Zahl der unökonomischen Bewegungen herabgemindert wird. In Tabelle 14 sind daher die Tagespulssummen, sowie die Arbeitspulssummen je qm Mauerwerk eingetragen worden.

Tabelle 14

Arbeitspulssumme/Arbeitstag beim Verlegen von
Hohlblocksteinen mit Mörtelpfanne IV

Arbeitstag	Maurer A	Maurer B	MW A+B
1.	5762	8491	
2.	8182	6059	
3.	5632	8828	
MW	6525	7792	7158 : 28,51 = 251 AP/qm Mauerwerk

Gegenüber dem Arbeiten mit der Kelle, bei dem 476 AP/qm Mauerwerk unter Zugrundelegung gleicher Berechnungsmethoden, gleicher Meßverfahren und derselben Versuchspersonen bemessen wurden, stellt das Arbeiten mit der Mörtelpfanne eine Erleichterung der vergleichbaren Kreislaufbelastung um 225 AP/qm oder 47 % dar. Dieses Ergebnis ist ein echter Erfolg im Sinne der gestellten Forschungsaufgabe.

3.323.32 Ergebnis der Respirationsmessungen. Einmann-Reihenverlegung mit Mörtelpfanne IV

Zu Vergleichszwecken wurden Respirationsversuche mit folgender Arbeitszeitverteilung angesetzt:

Tabelle 15

Aufgliederung der Arbeit für die Respirationsmessung mit Hohlblocksteinen, Einmann-Reihenverlegung - Pfanne IV -

Art der Arbeit	Einzelzeit 1/100 min	fortlaufd. Zeit 1/100 min
Weichmachen des Mörtels	104	104
Lagerfuge für 5 Fluchtsteine	143	247
5 Fluchtsteine verlegen	180	427
Stoßfugen	171	598
Messen, Loten und Nebenarbeiten	240	838
Lagerfuge für 1 Anschlagstein	28	866
1/1 Anschlagstein versetzen	54	920
1 Stoßfuge	38	958
Nebenarbeiten, Loten und Messen	42	1000

Das Ergebnis der Respirationsmessungen geht aus Tabelle 16 hervor:

Tabelle 16

Ergebnis der Respirationsmessungen mit Hohlblocksteinen, Einmann-Reihenverlegung - Pfanne IV - in kcal/min

Arbeitshöhe	I	II	III	IV	V
Maurer A	4,0	2,3	2,3	2,3	3,0
Maurer B	2,1	2,9	2,5	2,8	3,3

Bei diesen Versuchen war bereits von der Stapelhöhe d (Oberkante Stapelfläche 0,75 m über Rüstung) gearbeitet worden. Dieses Ergebnis wird bei der abschließenden Kommentierung der neueren Arbeitsverfahren auf Seite 42 noch behandelt werden.

Ergebnisse der Zweimann-Gruppenarbeit mit Mörtelschlitten beim Verlegen von Bimsbeton-Hohlblocksteinen (12 NF)

3.323.41 Versuche mit dem IFA-Mörtelschlitten

Das Arbeitsverfahren ist bereits auf Seite 27 beschrieben worden. Die Gesamtarbeitsleistung betrug am

    1. Versuchstag   48,184 qm
    2.   "   48,434 qm
    3.   "   58,167 qm.

Der Leistungsunterschied zwischen dem 1. und 2. und dem 3. Arbeitstag beruht darauf, daß der Hilfsarbeiter an den ersten beiden Versuchstagen keine Steine verlegte und sich auch am Messen und Loten nicht beteiligte. Daneben war auch eine gewisse Einarbeitung eingetreten und der Pausenanteil des Hilfsarbeiters lag um rund 20 % unter dem der vorhergehenden Tage. Der Grad der Einarbeitung des Hilfsarbeiters läßt sich aus dem Arbeitsaufwand für das Vermörteln eines qm Mauerwerk besonders gut ablesen, denn

    am 1. Arbeitstag wurden dafür   452 1/100 min/qm
    " 2.   "   "   "   402 "   " /qm
    " 3.   "   "   "   345 "   " /qm Mauerwerk

benötigt.

Da ein Respirationsversuch für die Gruppen gleichzeitig wegen der unterschiedlichen Leistung je Arbeitsminute nicht durchführbar ist, wurden die Arbeitsgänge für jedes Gruppenmitglied getrennt gemessen.

Arbeitszeitverteilung für den Maurer

Art der Arbeit	Einzelzeit 1/100 min	fortlaufd.Zeit 1/100 min
Weichmachen des Mörtels	96	96
1/2 Anschlagstein versetzen	38	124
4 Fluchtsteine verlegen	140	274
Messen, Loten, Nebenarbeiten	227	501
7 Fluchtsteine verlegen	250	751
1/1 Anschlagstein verlegen	49	800
Loten, Messen, Nebenarbeiten	200	1000

Tabelle 17

Arbeitszeitaufteilung für Respirationsmessungen
bei Gruppenarbeit mit IFA-Mörtelschlitten

Arbeitszeitverteilung für den Hilfsarbeiter

Art der Arbeit	Einzelzeit 1/100 min	fortlaufd. Zeit 1/100 min
Weichmachen des Mörtels	148	148
Lagerfuge für 16 Steine	311	459
Stoßfuge für 16 Steine	496	955
Nebenarbeiten	45	1000

Der Grundriß der Arbeitsplätze für die Testversuche bei Gruppenarbeit geht aus Abbildung 14 hervor.

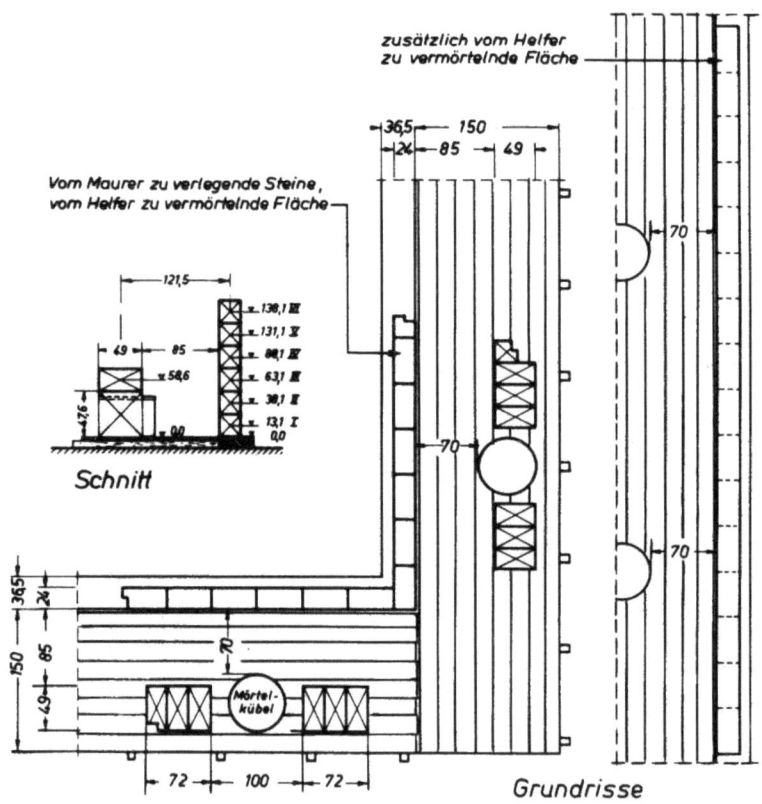

A b b i l d u n g   14

Grundriß der Arbeitsplätze für Respirationsversuche mit Hohlblocksteinen und Mörtelschlitten

Das Ergebnis der kalorischen und Kreislauf-Belastung geht aus Tabelle 18 hervor.

Kalorische Belastung in kcal/Arbeitsmin

Maurer	Arbeitshöhe	I	II	III	IV	V	VI
A		-	3,8	3,8	3,7	4,0	3,4
B		-	2,4	3,3	2,8	2,8	3,2

T a b e l l e   18

Ergebnisse der Respirations- und Pulsfrequenzmessung
bei Gruppenarbeit mit IFA-Mörtelschlitten

Kreislaufbelastung

Arbeitspulse	Maurer A	Maurer B	A + B	Arb.Pulse/qm
1. Tag	9051	5407	14 458	300
2. Tag	8162	6714	14 876	307
3. Tag	9463	8545	18 008	309
			M:	<u>306 AP/qm</u>

3.323.42 Versuche mit dem Mörtelschlitten nach SCHLEICHER (Glodschei)

Wie schon erwähnt, sind in diesem Gerät Mörtelschöpfer und Mörtelschlitten vereinigt. Das Gerät wird am Stiel über die Wand geführt. Zu Vergleichszwecken wurde mit diesem Gerät in Gruppenarbeit nur an zwei Versuchstagen gearbeitet. Die Flächenleistung war an beiden Tagen zufällig gleich und betrug 45,81 qm. Die Pulssummen/Arbeitstag sind in Tabelle 19 für Maurer und Helfer zusammengestellt.

T a b e l l e   19

Ergebnisse der Pulsfrequenzmessung bei Gruppenarbeit
mit Mörtelschlitten (Glodschei)

	Maurer VP.B	Helfer VP.A
1. Versuchstag	7211	11333
2. Versuchstag	7206	6556
MW:	7208	8944

Danach entfielen im Mittel 354 AP/qm Mauerwerk.

Die Respirationsversuche bei diesem Gerät wurden nach dem folgenden Versuchsplan abgewickelt:

Helfer:	Einzelzeit 1/100 min	Gesamtzeit 1/100 min
Weichmachen des Mörtels	246	246
Steine hauen	78	324
Lagerfuge 7,75 m lang aufgeben	253	577
Stoßfugen vergießen	363	940
Messen und Loten	60	1000

Maurer:	Einzelzeit 1/100 min	Gesamtzeit 1/100 min
Weichmachen des Mörtels	81	81
Messen	284	285
1 ganzen Anschlagstein setzen 27,2 kg	47	332
5 Fluchtsteine setzen 122,2 kg	143	475
1 Eckstein setzen 24,4 kg	25	500
6 Fluchtsteine setzen 146,5 kg	172	672
1 halber Anschlagstein 13,5 kg	41	713
Messen und Loten	200	913
Nebenarbeiten	87	1000

Die Respirationsmessung hatte folgendes Ergebnis:

Stapelhöhe d	Arbeitshöhe				
	II	III	IV	V	VI
Helfer	3,8	3,8	3,7	4,0	3,4 kcal/min
Maurer	2,4	3,3	2,8	2,8	3,2 kcal/min

Im Mittel wurden also rund 3,3 kcal/Arbeitsmin bei der Gruppenarbeit benötigt.

4. Diskussion der Ergebnisse

Nachstehend sind die Ergebnisse der Untersuchungen noch einmal übersichtlich zusammengestellt worden:

Tabelle 20

Übersicht über die Ergebnisse der Arbeitsstudien

1	2	3	4	5	6	7	8
	Einhandsteine				Zweihandsteine		
1 Steinart	NF	NF	Hlz	Hbl	Hbl	Hbl	Hbl
2 Arbeitsverfahren	Einmann-Arbeit	Gruppen-Arb.	Einmann-Arbeit	Einmann-Arbeit		Gruppenarbeit	
3 Arbeitsgerät	Kelle	Schaufel	Kelle	Kelle	Pfanne IV	Mörtelschlitten IFA	Glodschei
4 Arbeitsleistung qm/Arbeitstag u. Versuchsperson	4,540 100 %	4,370 96 %	12,89 284 %	28,77 100 %	28,51 99,10%	24,15 83,95%	22,91 79,64%
5 Arbeitszeit in min/qm	77,82 100 %	65,59 84,29%	27,63 35,50%	12,45 100 %	12,89 103,54%	11,82 94,94%	10,99 88,28%
6 Pausenzeit in min/qm	34,52 100 %	51,11 148,05%	11,90 34,48%	5,27 100 %	5,00 94,88%	9,29 176,29%	11,28 214,05%
7 Arbeitspulse/qm	1141 100 %	1593 111 %	654 54%	334,31 100 %	247,48 74,03%	303,63 90,82%	352,60 105,47%
8 kcal/qm Arbeitsaufwand mit 0,7 kcal/min Pausenzeit	239 100 %	229 95%	86 36%	38,55 100 %	37,98 98,53%	44,77 116,14%	44,44 115,26%

Die Tabelle 20 weist in Spalte 2, Zeile 4, eine Arbeitsleistung von 4,54 qm Mauerfläche bei NF-Vollsteinmauerwerk in Einmann-Arbeit mit Kelle aus. Das ist bei 36,5 cm dickem Mauerwerk eine Verlegeleistung von rund 700 Steinen je Arbeitstag. Berücksichtigt man die relativ günstigen Arbeitsbedingungen, wie z.B. kontinuierlicher Materialnachschub, gestapelte Steine, keine Behinderungen durch Rüstarbeiten oder andere Handwerker, normengemäße Abmessungen der Mauerwerkskörper usw., dann sind diese in Stundenlohn erzielten Leistungen als durchaus normal zu bezeichnen. Da alle verglichenen Messungen von denselben Maurern stammen, ist anzunehmen, daß die Ergebnisse voll vergleichbar sind.

Danach zeigt sich folgendes Ergebnis in der Arbeitsleistung:
Setzt man Einmannarbeit für Mauerwerk aus NF-Vollsteinen (36,5 cm dick) mit Kelle zu 100 %, dann steigt die Leistung beim Mauerwerk aus Hochlochsteinen, allerdings nur 24 cm dick, auf 284 %. Diese Leistungssteigerungen sind praktisch nur auf Steingewicht und Steinabmessungen zurückzuführen. Der Beweis dafür läßt sich aus den Ergebnissen, die

SCHÖNEFELD 1952-53 fand, ableiten. SCHÖNEFELD hatte mit den gleichen Steinen, allerdings mit anderen Maurern, das Verhältnis 100 % : 246 % festgestellt. SCHÖNEFELDs Ergebnisse liegen also bei 2 1/4 NF-Hochlochsteinmauerwe um 15,5 % unter den vorstehend gefundenen Relationen. Der Grund hierfür ist in der etwas unterschiedlichen Arbeitsplatzgestaltung zwischen den damaligen und den jetzigen Versuchen zu suchen. Während vorher die Steine von O.K. Rüstung genommen werden mußten, lag jetzt die Stapelhöhe, entsprechend den Ergebnissen der Stapelversuche, etwa 48 cm über O.K. Rüstung. Das mußte sich besonders bei den Hochlochsteinen zu einer relativen Leistungssteigerung auswirken.

Vergleicht man hiermit die Ergebnisse der Gruppenarbeit, dann betrug die Leistungsminderung bei NF-Vollsteinen mit Mörtelschaufel 4 %. Berücksichtigt man die unvermeidliche arbeitstägliche Schwankung, dann ist keine Mehrleistung durch Änderung des Verfahrens festgestellt worden. Wie der Vergleich der Spalten 2 und 3 der Zeile 5, Tabelle 20, beweist, wirkt sich das unterschiedliche Arbeitsverfahren jedoch insofern aus, als bei der Gruppenarbeit nur 65,59 Arbeitsmin/qm gegenüber 74,82 Arbeitsmin/qm bei der Einmannarbeit benötigt wurden. Der um 10,80 Arbeitsmin/qm (ca. 15,7 %) geringere Arbeitszeitbedarf ist darauf zurückzuführen, daß der Maurer von der Einzelverlegung des Steines bei der Einmannarbeit zur Reihenverlegung bei der Gruppenarbeit übergegangen ist.

Während sich die Arbeitsminuten je qm Mauerwerk bei Gruppenarbeit vermindern, steigen die Pausenminuten auf 148 % gegenüber der Einmannarbeit an. Dieser erhöhte Pausenbedarf ist auf die sachlich bedingten Zwangspausen des Helfers zurückzuführen. Versuche, diese Zwangspausen durch entsprechende Änderungen am Arbeitsplatz zu vermindern, hatten zwar Erfolg, konnten jedoch nicht völlig überzeugen, da die Herabsetzung der Gesamtpausen des Helfers auf die bei der Einmannarbeit üblichen Pausenanteile zwangsläufig zu einer höheren Kreislaufbelastung des Helfers führen muß.

Betrachtet man die Arbeitspulssumme/qm Mauerwerk, dann liegt sie bei der Gruppenarbeit nach Tabelle 20, Zeile 7, Spalte 3, um 11 % über der Einmannarbeit.

Die kalorische Belastung liegt um ca. 5 % niedriger. Das ist wiederum darauf zurückzuführen, daß der Maurer bei der Gruppenarbeit - unter Zugrundelegung der Arbeitsanweisung nach Seite 17 - die Steine in Reihenverlegung verlegt und sie griffgerecht zurechtgelegt bekommt, sich also weniger anzustrengen braucht.

Die vorstehenden Vergleiche haben bewiesen, daß die Gruppenarbeit bei NF-Vollsteinmauerwerk nur eine Entlastung des Maurers, nicht jedoch des Helfers bringt, so daß dieses Arbeitsverfahren im Sinne des hier gestellten Untersuchungszieles, nämlich der Erleichterung der Arbeit für beide Gruppenmitglieder, nicht empfohlen werden kann.

Bei Leichtbetonhohlblocksteinen fand sich folgendes Ergebnis:
Setzt man die erzielte Leistung bei der Einmann-Reihenarbeit mit Kelle zu 100 %, dann liegt die unter Verwendung der Pfanne IV festgestellte Leistung um 0,90 % darunter. Praktisch bestand also kein auf das Arbeitsgerät zurückzuführender Leistungsunterschied. Beim Verarbeiten von 12 NF-Hohlblocksteinen fand sich bei der Gruppenarbeit mit dem IFA-Mörtelschlitten eine Minderleistung von ca. 16 %, und mit dem Mörtelschlitten nach GLODSCHEI sogar um ca. 20 % gegenüber der Einmann-Reihenarbeit mit Kelle.

Betrachtet man die Leistung während der reinen Arbeitszeit, Tabelle 20, Spalten 5 bis 8, Zeile 5, dann steigt die Arbeitszeit/qm Mauerwerk bei der Pfanne IV auf 12,9 min/qm, beim IFA-Mörtelschlitten sinkt sie auf 11,82 min/qm und beim Mörtelschlitten nach GLODSCHEI sogar auf 10,99 min/qm gegenüber 12,45 min/qm bei der Reihenverlegung mit Kelle ab. Es ist offensichtlich, daß die neben der Kelle untersuchten Arbeitsgeräte an sich zwar eine Leistungssteigerung ermöglichen, daß aber die scheinbaren Vorteile nicht ausgenutzt werden können. Das erweist die Zeile 6 der Tabelle 20. Während die Pausenzeit bei Kelle und Pfanne IV 5,27 min/qm bzw. 5,00 min/qm betrug, stieg sie bei der Gruppenarbeit mit den Mörtelschlitten auf 9,29 min/qm bzw. 11,28 min/qm. Dieser erstaunlich hohe Pausenzeitbedarf ist wiederum auf die Erschwernisse aus der Gruppenarbeit und die unterschiedliche Belastung der Gruppenmitglieder zurückzuführen. Bereits im Text war auf die unterschiedliche körperliche Belastung beider Gruppenmitglieder hingewiesen worden, wobei festgestellt werden mußte, daß trotz des großen technisch bedingten Pausenanteils die körperliche Beanspruchung des Helfers größer war als die des Maurers.

In Tabelle 20, Zeilen 7, zeigt sich, daß die Arbeitspulssumme/qm Mauerwerk durch die Anwendung der Mörtelschlitten gegenüber dem Verlegen der Hohlblocksteine mit Kelle beim IFA-Mörtelschlitten um 9 % sinkt, beim

Mörtelschlitten nach GLODSCHEI um ca. 5 % steigt. Beim Kalorienbedarf lag der IFA-Mörtelschlitten und der Mörtelschlitten nach GLODSCHEI mit 15 - 16 % über der Kelle etwa gleich.

Somit hat sich gezeigt, daß abweichend von anderen Auffassungen Mörtelschlitten keine Leistungssteigerungen und keine körperliche Entlastung erbringen.

Mit der entwickelten Mörtelpfanne IV ist insofern der beabsichtigte Zweck erreicht worden, als bei praktisch gleicher Leistung die Pulsfrequenz um ca. 26 %, und auch die kalorische Belastung noch unter den bei Einmann-Reihenverlegung von Hohlblocksteinen mit Kelle gefundenen Werten lag.

Diese körperliche Entlastung ist eindeutig auf die geringe Anzahl der Bückbewegungen beim Vermörteln der Hohlblocksteine zurückzuführen. Somit stellt die entwickelte Mörtelpfanne IV unter den untersuchten Geräten ein Optimalgerät zum Vermauern von großformatigen Hohlblocksteinen dar.

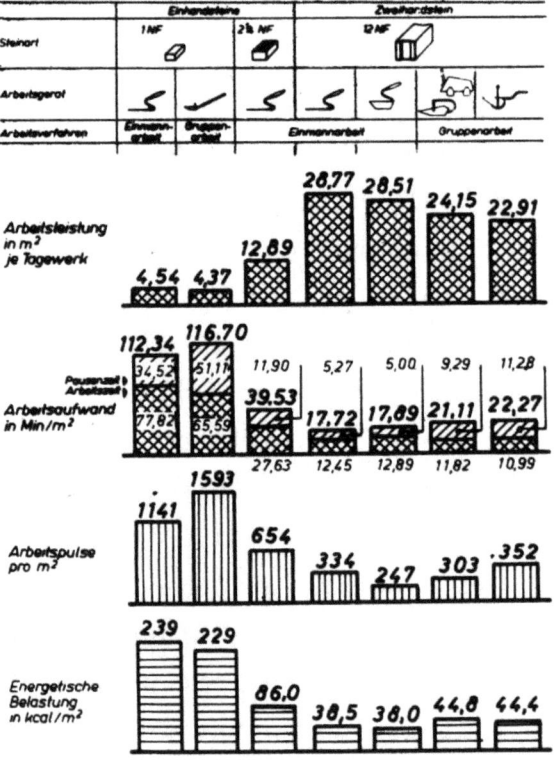

A b b i l d u n g   15

Übersicht über die Ergebnisse der arbeitstechnischen Untersuchungen 1956

Bei der Untersuchung zur zweckmäßigen Arbeitsplatzgestaltung zeigte sich, daß zwar theoretisch ein möglichst nahes Heranrücken der Materialstapel an die Mauer unter Belassung eines Abstandes von ca. 50 cm zweckmäßig sein müßte, daß aber bei der Verlegung von Zweihandsteinen ein größerer Bewegungsraum günstiger ist. Bei Gruppenarbeit, bei der zwangsläufig die Gruppenmitglieder umeinander herumgehen müssen, sind sogar 0,85 m offenbar gering.

Bezüglich der Stapel- und Arbeitshöhen gelang es, nachzuweisen, daß das Arbeiten oberhalb der als optimal festgestellten Höhe von ca. 0,60 bis 0,80 m weniger anstrengend ist, als unterhalb dieser Höhe. Als günstigste Stapelhöhe haben sich für normalformatiges Mauerwerk die Stapelhöhe c mit 0,97 m, für Bimsbeton-Hohlblockmauerwerk die Stapelhöhen c und d zwischen 0,60 und 0,80 m Höhe des Schwerpunktes über der Standfläche des Maurers herausgestellt.

Die möglichen körperlichen Entlastungen durch die Arbeitsplatzgestaltung wirken sich nur im geringen Umfange auf die tatsächliche Leistungssteigerung aus, da praktisch die optimalen Arbeitsbedingungen nur bei kontinuierlich verstellbaren Arbeitsrüstungen voll ausgenutzt werden könnten.

5. Zusammenfassung der Ergebnisse

Die vorstehend niedergelegten Meßergebnisse haben einwandfrei die Auffassung der Baupraxis bestätigt, daß unter den in der Bundesrepublik herrschenden Voraussetzungen bei der Gruppenarbeit weder beim Verarbeiten von NF-Vollsteinen, noch von großformatigen Hohlblocksteinen gegenüber der herkömmlichen Einmann-Reihenverlegung wirtschaftliche Vorteile zu erwarten sind. Bei systematischen arbeitsphysiologischen Versuchen konnte festgestellt werden, daß bei der Gruppenarbeit eine fühlbare körperliche Entlastung des Facharbeiters zu einer entsprechend größeren Belastung des Helfers führt.

Entgegen theoretischen Überlegungen und den Gepflogenheiten der Praxis zeigte sich, daß die geringste körperliche Belastung bei Stapelhöhen und Arbeitshöhen von 0,80 bis 1,00 m über Standhöhe des Maurers auftreten und von der Gesamtenergiebilanz her das Arbeiten von der optimalen mittleren Arbeitshöhe nach oben erheblich günstiger ist als nach unten. Zeitstudien mit verschiedenen Vermörtelungsgeräten erbrachten zwar fühlbare Einsparungen bei der Arbeitszeit, die überwiegend auf den mit der Anwendung dieser Geräte verbundenen Zwang zur sogenannten Reihenverlegung zurückzuführen sind. Die mit diesen Geräten verknüpfte Gruppenarbeit hebt mit der zwangsläufigen gegenseitigen Behinderung der Versuchspersonen, die sich in hohen sachlichen Verteilszeiten ausdrückte, diese Vorteile wieder auf, so daß im Endeffekt die Einmann-Reihenverlegung mit Kelle das optimale Verlegeverfahren darstellt. Bei großformatigen Hohlblocksteinen hat die versuchsweise Verwendung einer speziell entwickelten Mörtelpfanne zu einer sehr günstigen Kreislaufbelastung geführt, so daß ihre Anwendung für die Praxis vom arbeitsphysiologischen und vom arbeitstechnischen Standpunkt empfohlen werden kann.

6. Literaturverzeichnis

[1] TRIEBEL — Auswertung vorliegender Arbeiten über die Wirtschaftlichkeit von Wandbauarten.
Forschungsbericht des I.f.B. Juli 1956

[2] TRIEBEL — Steinformate und Maurerleistung.
Siedlung und Wirtschaft (1941) Heft 7

[3] SAUER — Probleme zur Leistungssteigerung am Bau.
Aus den Arbeiten der Deutschen Bauakademie
Leipzig 1943

[4] HAHN — Abhängigkeit der Maurerleistung von der Form, der Größe und dem Gewicht der Maurerziegel, von Mauerwerksverband und von anderen Einflüssen.
Fortschritte u. Forschungen im Bauwesen, Reihe A, 12/41

[5] SCHÖNEFELD — Die Steigerung der Maurerleistung durch Verwendung großformatiger Mauersteine.
Stuttgart 1953

[6] TRIEBEL — Die arbeitstechnische Eignung von Mauerwerksbauarten.
Baurundschau (1949) Heft 4

[7] PLUM N.M. und B. WARRIS — Welche Mauerstein- und Blockformate erfordern die kürzeste Arbeitszeit beim Mauern?
Staatliches Bauforschungsinstitut Kopenhagen, (1952) Studie Nr. 9

[8] KARRASCH-MÜLLER — Das Verhalten der Pulsfrequenz in der Erholungsperiode nach körperlicher Arbeit.
Arbeitsphysiologie 14 (1951) S. 369-382

[9] SCHÖNEFELD — Rationelles Mauerwerk.
Forschungsbericht des I.f.B.

[10] TAYLOR — Die Grundsätze wissenschaftlicher Betriebsführung.
München 1913

[11] GILBRETH — Bricklaying System.
London 1909

[12] DENISSOW — Aus der Praxis der Einführung der Kowaljowmethode in das Bauwesen.
Planen und Bauen (1951) Heft 23, S. 543

[13] SCHIRKOW — Meine Erfahrungen beim Schnellmauern von Ziegelwänden.
Leipzig 1953

[14] SALING — Die neuen Arbeitsmethoden der Maurer.
Berlin 1956

[15] KOWALJOW — Die Anwendung der Kowaljow-Methode in der Bauindustrie.
Bauplanung und Bautechnik (1952) Heft 7, S. 154

[16] G.E. — Neue Arbeitsmethoden beim Mauern.
Der junge Bau- und Holzarbeiter, Juni 1953, Heft 11

[17] SAUER — Neue Arbeitsmethoden beim Mauern.
Planen und Bauen (1950) Heft 9

[18] MÜLLER, J. — Die Entwicklung der Kowaljow-Methode in der Bauindustrie.
Bauplanung und Bautechnik (1952) Heft 7

[19] G.E. — Neue Arbeitsmethoden beim Mauern.
Der junge Bau- und Holzarbeiter (1953) Heft 7

[20] SALING — Neue Arbeitsmethoden beim Mauern.
Der junge Bau- und Holzarbeiter (1953) Heft 14

[21] SCHLEICHER — Weiterentwicklung einer Mörtelschaufel.
Bauplanung und Bautechnik (1952) Heft 14

[22] GODEMANN-KRAUSE — Eine Aufbauschicht in Stalinstadt.
Der junge Bau- und Holzarbeiter (1953) Heft 19

[23] LEHMANN — Praktische Arbeitsphysiologie.
Stuttgart 1953

[24] MÜLLER-HEISING — Die Bestimmung des Energieverbrauchs der beruflichen Arbeit im Respirationsversuch

[25] BAADER-LEHMANN — Über die Ökonomie der Maurerarbeit.
Berlin 1928

[26] SCHÖNEFELD — Rationalisierung der Maurerarbeiten.
Berlin 1957

[27] SCHÖNEFELD — Ergebnisse physiologischer Untersuchungen bei den Maurerarbeiten.
Bauwirtschaft 1956, Heft 47

[28] LEDDERBOGE — Rationalisierung im Mauerwerksbau durch größere Steinformate. (Zur Ökonomie des Wohnungsbaues in der D.D.R., Berlin 1955)

[29] — Simplifications of Bricklaying Methods
Technical Digest Nr. 448 European Productivity Agency, Paris

[30] TRIEBEL-SCHÖNFELD — Baustelleneinrichtung.
Deutsche Bauzeitung (1957)

[31] MARNETH E.　Richtig mauern - Mitteilungsblatt der Arbeitsgemeinschaft für zeitgemäßes Bauen. Nr. 46 (1955)

[32]　Arbeitstechnik anders als bei uns. Mitteilungsblatt der Arbeitsgemeinschaft für zeitgemäßes Bauen. Nr. 38 (1953)

[33] ASSENKOW　Kletternde Arbeitsbühnen. Planen und Bauen (1952) Heft 3

[34]　Die Bauring-Methode. Mitteilungsblatt der Arbeitsgemeinschaft für zeitgemäßes Bauen Nr. 45 (1954)

[35]　Neue Erfolge polnischer Maureraktivisten. Pressedienst der polnischen Militärmission
Nr. 1155 vom 7.10.1950
Nr. 1157 vom 14.10.1950
Nr. 1160 vom 25.10.1950

[36]　Kurzmeldung Bauplanung und Bautechnik (1952) Heft 9

[37] SCHLEICHER　Industrielle Maurermethoden als Voraussetzung für die Senkung der Baukosten. Planen und Bauen (1950) Heft 9, S. 300 ff.

[38] LEDDERBOGE　Die technischen Grundlagen der Großblockbauweise. Bauplanung - Bautechnik (1955) Heft 12, S. 521-525

[39] ANKE　Analyse der Baukosten - Kostenanalyse für Hochlochziegel, Hohlblock- und Großblockbauweise. Zur Ökonomie des Wohnungsbaues in der DDR Berlin 1955

[40] LEDDERBOGE　Montagebauweisen für den Wohnungsbau in der C.S.R. Bauplanung und Bautechnik (1956) Heft 3, S. 89-96

[41] PILISZEK　Einige Probleme bei der Anwendung der Großblockbauweise in der Volksrepublik Polen. Bauplanung und Bautechnik (1957) Heft 3

[42] LEDDERBOGE　Die Baukosten der Großblockbauweise. Bauplanung und Bautechnik (1957) Heft 3

[43]　Stand und Perspektiven der Großblockbauweise in der DDR. Mitteilungen der volkseigenen Bauindustrie 1956

[44] SCHNEIDER — Über die Fugenausbildung von Hohlblockmauerwerk.
Betonstein-Zeitung (1954) Heft 3

[45] BRAUN — Die Verarbeitung von Hohlblocksteinen.
Wirtschaftlich bauen (1953) Heft 17/18

[46] BRAUN — Mauerwerk aus Hohlblocksteinen.
Zentralverband des deutschen Baugewerbes, Merkblatt Nr. 6, 1951

[47] DRESSEL — Arbeitstechnische Untersuchungen an drei Maurern mit Hohlblocksteinen.
F.B.W. Stuttgart Nr. 28 (1953)

[48] — Mörtelschlitten Glodschei.
Bauplanung und Bautechnik (1952) Heft 14

[49] PISTERNICK — Neue Arbeitsweisen im Bauwesen.
Bauplanung und Bautechnik (1949) Heft 4
S. 103-106

[50] SPITZER — Physiologische Grundlagen für den Erholungszuschlag bei Schwerarbeit.
Refa-Nachrichten 2 (1951)

[51] LEHMANN — Physiologische Forschung als Voraussetzung zur Bestgestaltung der menschlichen Arbeit.
Köln 1951

[52] — Anpassung der Arbeit an den Menschen.
Vorträge gehalten auf der Arbeitstagung des Max-Planck-Instituts für Arbeitsphysiologie Dortmund
Dortmund 1952

[53] LEHMANN — Physiologische Arbeitsgestaltung.
VDI-Zeitschrift Nr. 7/1952 S. 185-190

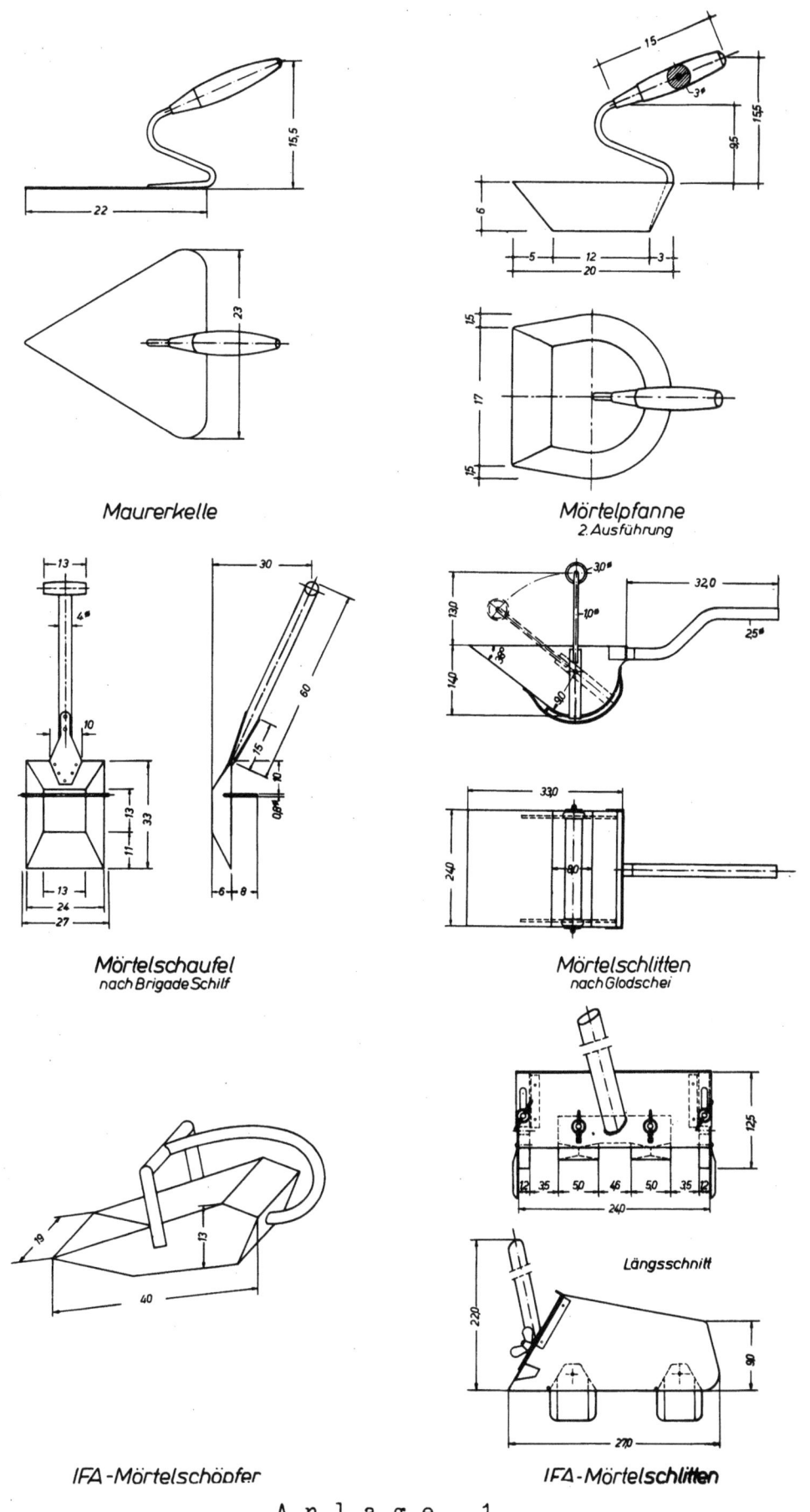

Anlage 1

Bei den arbeitstechnischen Versuchen verwendete Arbeitsgeräte

Anlage 2
Auswertbogen für Zeitstudien

Auswertbogen für Zeitstudien

Arbeitsgänge: Nr. Zeit in 1/100 min.																																		Bemerkung
1		2		3		4		5		6		7		8		9		10		11		12		13		14		15		16		17		
Z	1/100	Z	1/100	Z	1/100	Z	1/100	Z	1/100	Z	1/100	Z	1/100	Z	1/100	Z	1/100	Z	1/100	Z	1/100	Z	1/100	Z	1/100	Z	1/100	Z	1/100	Z	1/100	Z	1/100	
																														1	100	1	100	
82																															82			
135													53																					
244																							120								109			
364													53										120								191			

364

| Maurer: Kern | Datum: 10.9.56 | Steinart: NF | Zeitnehmer: Natke | Auswerter: Natke | Gerät: Schaufel |

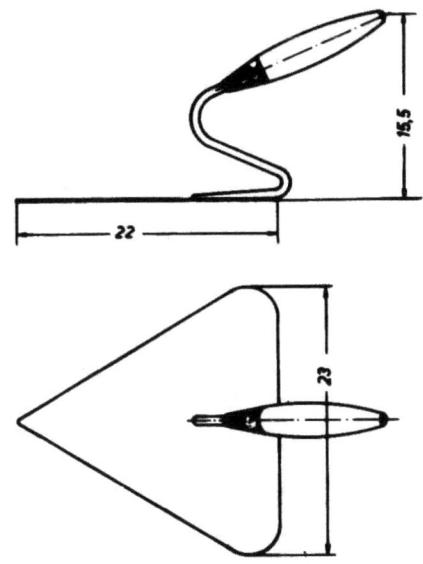

Maurerkelle

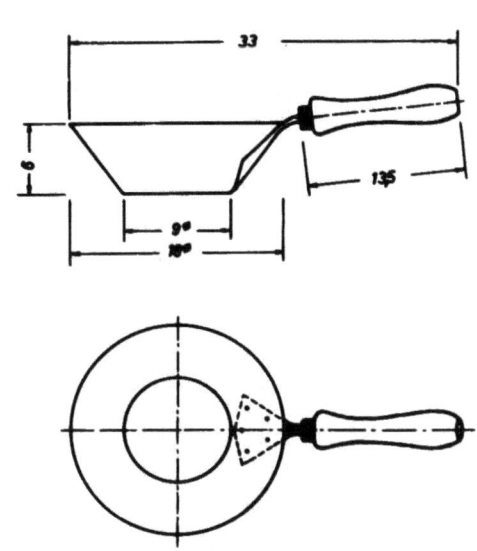

Österreichische Mörtelpfanne

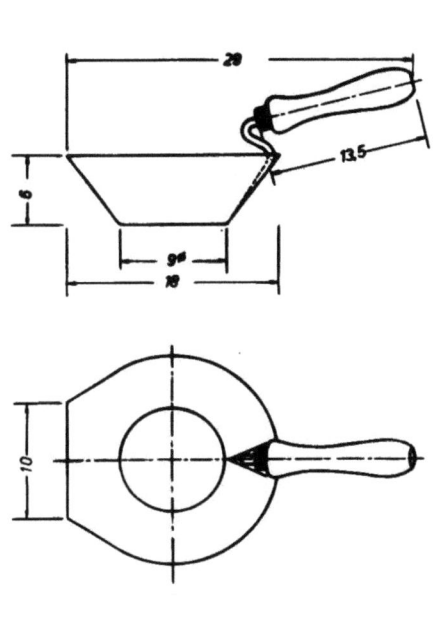

Mörtelpfanne

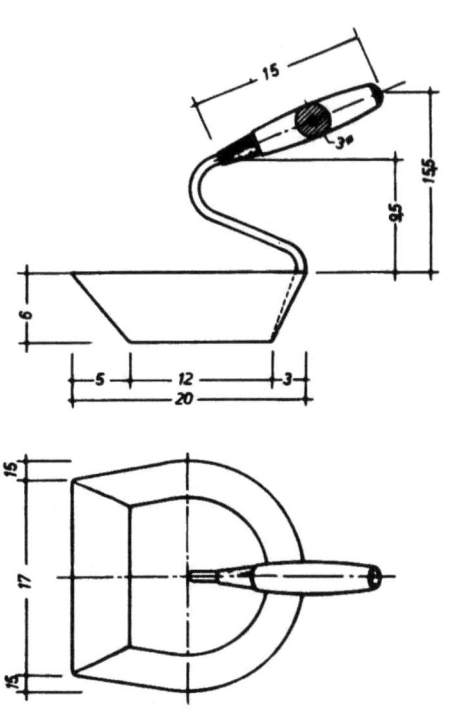

Mörtelpfanne -2. Ausführung-

A n l a g e 3
Entwicklung der Mörtelpfanne

Anlage 4

Ergebnisse der Pulsfrequenzmessung
1. Versuchsabschnitt

Maurer A   Ruhepulse im Stehen 54

		I. Tagesabschnitt				II. Tagesabschnitt					III. Tagesabschnitt					Arbeits-pulssumme
		Pulss.	Min.	RP	AP	AP(120)	Pulss.	Min.	RP	AP	AP(180)	Pulss.	Min.	RP	AP	AP(210)	
1. Tag NF Kelle		8718	105	5670	3048	3483	14742	184	9936	4806	4702	16527	200	10800	5727	6013	14198
2. Tag NF Kelle		9986	115	6210	3776	3940	13982	175	9450	4532	4662	15519	193	10422	5097	5546	14148
3. Tag NF Kelle		8331	100	5400	2931	3515	13832	178	9612	4220	4267	14941	194	10476	4465	4833	12615
1. Tag Bims.Hbl.Kelle		9063	115	6210	2853	2977	14093	175	9450	4643	4776	15565	195	10530	5035	5422	13175
2. " " "		10249	120	6480	3769	3769	15471	180	9720	5751	5751	7834	94	5076	2758	6161	15681
3. " " "		8699	112	6048	2651	2840	13126	175	9450	3676	3781	14735	197	10638	4097	4367	10988
1. Tag KsHbl.Kelle		9739	117	6318	3421	3509	13010	175	9450	3560	3662	13727	200	10800	2927	3073	10244
2. " " "		8280	110	5940	2340	2552	10816	154	8316	2500	2922	14067	200	10800	3267	3430	8905
3. " " "		8728	108	5832	2896	3218	12017	164	8856	3161	3469	14669	205	11070	3599	3688	10375

Maurer B   Ruhepulse im Stehen 55

		I. Tagesabschnitt				II. Tagesabschnitt					III. Tagesabschnitt					Arbeits-pulssumme
		Pulss.	Min.	RP	AP	AP(120)	Pulss.	Min.	RP	AP	AP(180)	Pulss.	Min.	RP	AP	AP(210)	
1. Tag NF Kelle		9148	110	6050	3098	3080	1252	15	825	427	5124	15789	190	10450	5339	5901	14105
2. " " "		7864	99	5445	2419	2932	14120	175	9625	4495	4623	16024	195	10725	5299	5706	13133
3. " " "		9955	120	6600	3355	3355	15077	180	9900	5177	5177	17519	210	11550	5969	5969	14501
1. Tag Bims.Hbl.Kelle		8998	109	5995	3003	3306	15308	175	9625	4375	4688	11119	135	7425	3694	5746	13868
2. " " "		9256	110	6050	3206	3497	14195	165	9075	5120	5585	17176	207	11385	5791	5875	14957
3. " " "		8426	108	5940	2486	2762	12990	171	9405	3585	3774	16662	204	11220	5442	5602	12138
1. Tag KsHbl.Kelle		8998	109	5995	3003	3306	15308	175	9625	5683	5845	15740	177	9735	6005	7125	16276
2. " " "		6747	83	4565	2182	3155	12978	160	8800	4178	4700	17071	203	11165	5906	6110	13965
3. " " "		9298	115	6325	2972	3101	14732	175	9625	5107	5253	17258	200	11000	6258	6571	14925

Anlage 5

Ergebnis der Pulsfrequenzmessung

Maurer A (2. Versuchsabschnitt)

	Steinart	Arbeitsverfahren	Gerät		I. Tagesabschnitt					II. Tagesabschnitt					III. Tagesabschnitt					AP-Summe
					Puls	Min	RP	AP	AP(120)	Puls	Min	RP	AP	AP(180)	Puls	Min	RP	AP	AP(210)	
1	Bims Hbl.	Einmann-Reihenverlegung	Pfanne IV	1. Tag	8407	120	6480	1927	1927	10599	169	9126	1473	1569	12829	198	10692	2137	2266	5762
2	"	"	"	2. Tag	7835	110	5940	1895	1984	10120	152	8208	1912	2264	13019	179	9666	3353	3934	8182
3	"	"	"	3. Tag	5555	80	4320	1235	1852	9129	138	7452	1677	2187	4188	68	3672	516	1593	5632
4	Bims Hbl.	Einmann-Reihenverlegung	Kelle	1. Tag	7269	100	5400	1869	2243	10820	152	8208	2612	3093	14226	181	9774	4452	5165	10501
5	Bims Hbl.	Zweimann-Gruppenarbeit	Mörtel-	1. Tag	5122	70	3780	1342	2301	8668	123	6642	2026	2965	13324	185	9890	3334	3785	9051
6	"	"	schlitten	2. Tag	8341	115	6210	2131	2224	9230	135	7290	1940	2587	13292	190	10260	3032	3351	8162
7	"	"	IFA	3. Tag	6132	90	4860	1272	1696	13356	180	9720	3636	3636	11419	155	8370	3049	4131	9463
8	Bims Hbl.	Zweimann-Gruppenarbeit	Mörtel- schlitten	1. Tag	8368	115	6210	2158	2252	9205	128	6912	2293	3223	16935	208	11232	5703	5758	11333
9	"	"	Glodschei	2. Tag	8191	119	6426	1765	1780	7656	119	6426	1230	1865	13941	205	11070	2871	2941	6556
10	NF-Voll- ziegel	Einmann-Einzelverlegung	Kelle	1. Tag	8319	118	6372	1947	1980	10149	154	8316	1833	2142	9925	149	8046	1879	2648	6770
11	"	"	"	2. Tag	8327	114	6156	2171	2285	9296	154	8316	980	1145	12974	186	10044	2930	3308	6738
12	NF-Voll- ziegel	Einmann-Reihenverlegung	"	1. Tag	8184	105	5670	2514	2873	12172	165	8910	3262	3558	14071	201	10854	3237	3382	9013
13	"	"	"	2. Tag	5798	86	4644	1154	1610	8982	129	6966	2016	2813	14769	199	10746	4023	4245	8668
14	NF-Voll- ziegel	Zweimann-Gruppenarbeit	Schaufel	1. Tag	6985	105	5670	1315	1503	10454	154	8316	2138	2499	14024	195	10530	3494	3762	7764
15	"	"	Schilf	2. Tag	7832	112	6048	1784	1911	8027	115	6210	1817	2844	14975	205	11070	3905	4000	8755
16	"	"	"	3. Tag	7919	119	6426	1493	1506	11575	175	9450	2125	2186	12709	185	9990	2719	3086	6778
17	Hochloch- ziegel	Einmann-Reihenverlegung	Kelle	1. Tag	6820	104	5616	1216	1403	4045	66	3564	481	1312	10737	162	8748	1989	2578	5293
18	"	"	"	2. Tag	5572	79	4266	1306	1983	13184	180	9720	3464	3464	14484	200	10800	3684	3872	9319

Anlage 6

Ergebnis der Pulsfrequenzmessung

Maurer B (2. Versuchsabschnitt)

	Steinart	Arbeitsverfahren	Gerät		I. Tagesabschnitt					II. Tagesabschnitt					III. Tagesabschnitt					AP-Summe
					Puls	Min	RP	AP	AP(120)	Puls	Min	RP	AP	AP(180)	Puls	Min	RP	AP	AP(210)	
1	Bims-Hbl.	Einmann-Reihenverlegung	Pfanne IV	1. Tag	8730	120	6600	2130	2130	11851	169	9295	2556	2722	13959	193	10615	3344	3639	8491
2	"	"	"	2. Tag	7573	110	6050	2523	2752	8415	135	7425	990	1320	11216	174	9570	1646	1987	6059
3	"	"	"	3. Tag	8137	114	6270	1867	1965	13079	180	9900	3179	3179	12985	179	9845	3140	3684	8828
4	Bims Hbl.	Einmann-Reihenverlegung	Kelle	1. Tag	7698	110	6050	1648	1798	12193	180	9900	2293	2293	13804	179	9845	3959	4645	8736
5	Bims Hbl.	Zweimann-Gruppenarbeit	Mörtel-schlitten	1. Tag	4481	69	3795	686	1193	9146	140	7700	1446	1859	12448	188	10340	2108	2355	5407
6	"	"	IFA	2. Tag	5901	88	4840	1061	1447	12068	172	9460	2608	2729	12813	191	10505	2308	2538	6714
7	"	"	"	3. Tag	8271	115	6325	1946	2031	13423	180	9900	3523	3523	8794	127	6985	1809	2991	8545
8	Bims Hbl.	Zweimann-Gruppenarbeit	Mörtel-schlitten Glodschei	1. Tag	6709	103	5665	1044	1216	12275	179	9845	2430	2444	13519	188	10340	3179	3551	7211
9	"	"	"	2. Tag	6601	97	5335	1266	1582	11671	175	9625	2046	2104	12917	180	9900	3017	3520	7206
10	NF-Voll-	Einmann-Einzelverlegung	Kelle	1. Tag	7260	108	5940	1320	1467	10030	148	8140	1890	2299	13623	199	10945	2678	2826	6592
11	steine	"	"	2. Tag	5608	85	4675	933	1317	11707	170	9350	2357	2496	13531	206	11330	2201	2244	6057
12	NF-Voll-	Einmann-Reihenverlegung	Kelle	1. Tag	7606	104	5720	1886	2176	12796	180	9900	2896	2896	14207	194	10670	3537	3829	8901
13	steine	"	"	2. Tag	6192	93	5115	1077	1390	11412	168	9240	2172	2327	12800	190	10450	2350	2597	6314
14	NF-Voll-	Zweimann-Gruppenarbeit	Schaufel	1. Tag	6928	109	5995	933	1027	11962	180	9900	2062	2062	14302	200	11000	3302	3476	6565
15	steine	"	Schilf	2. Tag	5923	91	5005	918	1210	10976	168	9240	1736	1860	10901	167	9185	1716	2158	5228
16	"	"	"	3. Tag	7145	108	5940	1205	1339	11516	170	9350	2166	2293	12860	185	10175	2685	3048	6680
17	Hochloch-	Einmann-Reihenverlegung	Kelle	1. Tag	7180	100	5500	1680	2016	12236	169	9295	2941	3132	14244	196	10780	3164	3300	8448
18	steine	"	"	2. Tag	6935	105	5750	1185	1354	11690	170	9350	2340	2478	11600	154	8470	3130	4268	8100

Anlage 7

Ergebnis der Respirationsmessungen,
kcal/Arbeitsminute   Mittelwerte

Steinart	Arbeits-gerät	Stapel-höhe	VP.	Mauerhöhe							
				0	I	II	III	IV	V	VI	VII
NF-Vollstein	Kelle	a	Kern	3,9	3,5	3,2	2,9	3,4	3,5	3,6	3,7
			Witt	2,9	3,1	2,8	2,2	1,6	2,2	2,7	3,0
		b	Kern		3,6	3,0	2,8	2,9	3,0	3,6	3,7
			Witt		3,1	2,7	2,5	2,4	2,0	2,1	2,7
		c	Kern		3,9	3,0	2,8	2,7	3,0	3,8	3,7
			Witt		3,2	2,6	2,0	2,3	2,3	2,9	2,8
NF-Vollstein	Schaufel Schilf		Kern			3,6	3,4	3,0	3,9	4,2	
			Witt			2,4	2,3	2,1	2,3	2,3	
Hochlochstein 2 1/4 NF	Kelle		Kern			3,3	3,1	2,5	3,2	2,9	
			Witt			2,1	2,5	2,0	3,1	3,2	
Bimsbeton-Hohlblock-stein 12 NF	Kelle	a	Kern	5,1	5,1	3,7	3,7	3,1	3,6	3,5	
			Witt	3,6	3,5	2,6	2,8	2,7	2,6	3,0	
		b	Kern	4,2	4,4	2,9	3,6	3,2	3,3	3,4	3,8
			Witt	3,6	3,2	2,8	2,8	2,5	2,4	2,6	2,9
		c	Kern	4,9	3,7	3,5	3,2	2,9	3,3	2,8	3,5
			Witt	3,3	3,1	2,4	2,4	2,4	2,8	2,5	2,0
		d	Kern	4,4	3,8	3,6	3,3	3,1	3,4	3,3	2,8
			Witt	3,5	2,8	2,5	2,2	2,3	2,0	2,2	2,8
	Mörtel-pfanne 4	d	Kern		4,0	2,3	2,3	2,3	3,0		
			Witt		2,1	2,9	2,5	2,8	3,3		
	Schlit-ten (IFA)	d	Kern		3,9	3,2	3,2	4,2	3,8		
			Witt		3,5	2,7	3,2	3,0	2,6		
	Schlit-ten (Glodschei)	d	Kern			3,8	3,8	3,7	4,0	3,4	
			Witt			2,4	3,3	2,8	2,8	3,2	

FORSCHUNGSBERICHTE
DES LANDES NORDRHEIN-WESTFALEN

Herausgegeben durch das Kultusministerium

BAU · STEINE · ERDEN

HEFT 36
Forschungsinstitut der Feuerfest-Industrie, Bonn
Untersuchungen über die Trocknung von Rohton, Untersuchungen über die chemische Reinigung von Silika- und Schamotte-Rohstoffen mit chlorhaltigen Gasen
1953, 60 Seiten, 5 Abb., 5 Tabellen, DM 11,—

HEFT 37
Forschungsinstitut der Feuerfest-Industrie, Bonn
Untersuchungen über den Einfluß der Probenvorbereitung auf die Kaltdruckfestigkeit feuerfester Steine
1953, 40 Seiten, 2 Abb., 5 Tabellen, DM 7,80

HEFT 59
Forschungsinstitut der Feuerfest-Industrie e. V., Bonn
Ein Schnellanalysenverfahren zur Bestimmung von Aluminiumoxyd, Eisenoxyd und Titanoxyd in feuerfestem Material mittels organischer Farbreagenzien auf photometrischem Wege
Untersuchungen des Alkali-Gehaltes feuerfester Stoffe mit dem Flammenphotometer nach Riehm-Lange
1954, 52 Seiten, 12 Abb., 3 Tabellen, DM 11,60

HEFT 76
Max-Planck-Institut für Arbeitsphysiologie, Dortmund
Arbeitstechnische und arbeitsphysiologische Rationalisierung von Mauersteinen
1954, 52 Seiten, 12 Abb., 3 Tabellen, DM 10,20

HEFT 81
Prüf- und Forschungsinstitut für Ziegeleierzeugnisse, Essen-Kray
Die Einführung des großformatigen Einheits-Gitterziegels im Lande Nordrhein-Westfalen
1954, 54 Seiten, 2 Abb., 2 Tabellen, DM 10,—

HEFT 90
Forschungsinstitut der Feuerfest-Industrie, Bonn
Das Verhalten von Silikasteinen im Siemens-Martin-Ofengewölbe
1954, 62 Seiten, 15 Abb., 11 Tabellen, DM 11,90

HEFT 91
Forschungsinstitut der Feuerfest-Industrie, Bonn
Untersuchungen des Zusammenhangs zwischen Leistung und Kohlenverbrauch von Kammeröfen zum Brennen von feuerfesten Materialien
1954, 42 Seiten, 6 Abb., DM 8,30

HEFT 106
ORR. Dr.-Ing. W. Küch, Dortmund
Untersuchungen über die Einwirkung von feuchtigkeitsgesättigter Luft auf die Festigkeit von Leimverbindungen
1954, 60 Seiten, 10 Abb., 6 Tabellen, DM 11,40

HEFT 111
Fachverband Steinzeugindustrie, Köln
Die Entwicklung eines Gerätes zur Beschickung seitlicher Feuer von Steinzeug-Einzelkammeröfen mit festen Brennstoffen
1955, 46 Seiten, 16 Abb., DM 9,40

HEFT 127
Güteschutz Betonstein e. V., Arbeitskreis Nordrhein-Westfalen, Dortmund
Die Betonwaren-Gütesicherung im Lande Nordrhein-Westfalen
1955, 58 Seiten, 15 Abb., 3 Tabellen, DM 11,50

HEFT 142
Dipl.-Ing. G. M. F. Wiebel, Hannover, A. Konermann und A. Ottenheym, Sennelager
Entwicklung eines Kalksandleichtsteines
1955, 38 Seiten, 4 Abb., DM 8,—

HEFT 149
Dr.-Ing. K. Konopicky und Dipl.-Chem. P. Kampa, Bonn
I. Beitrag zur flammenphotometrischen Bestimmung des Calciums
Dr.-Ing. K. Konopicky, Bonn
II. Die Wanderung von Schlackenbestandteilen in feuerfesten Baustoffen
1955, 54 Seiten, 10 Abb., 5 Tabellen, DM 11,—

HEFT 180
Dr.-Ing. W. Piepenburg, Dipl.-Ing. B. Bühling und Bauing. J. Behnke, Köln
Putzarbeiten im Hochbau und Versuche mit aktiviertem Mörtel und mechanischem Mörtelauftrag
1955, 116 Seiten, 31 Abb., 68 Tabellen, DM 23,—

HEFT 213
Dipl.-Ing. K. F. Rittinghaus, Aachen
Zusammenstellung eines Meßwagens für Bau- und Raumakustik
1957, 96 Seiten, 17 Abb., 7 Tabellen, DM 19,80

HEFT 223
Dr.-Ing. K. Alberti und Dozent Dr. phil. habil. F. Schwarz, Köln
Über das Problem Hartbrand-Weichbrand
1956, 54 Seiten, 25 Abb., 14 Tabellen, DM 12,10

HEFT 231
ORR. Dr.-Ing. W. Küch, Dortmund
Über die Wechselwirkung zwischen Holzschutzbehandlung und Verleimung
1956, 48 Seiten, 10 Abb., 8 Tabellen, DM 10,40

HEFT 250
Dozent Dr. phil. habil. F. Schwarz und Dr.-Ing. K. Alberti, Köln
Entwicklung von Untersuchungsverfahren zur Gütebeurteilung von Industriekalken
1956, 36 Seiten, 9 Abb., 4 Tabellen, DM 16,50

HEFT 266
Fliesen-Beratungsstelle Bad Godesberg-Mehlem
Güteeigenschaften keramischer Wand- und Bodenfliesen und deren Prüfmethoden
1956, 32 Seiten, DM 7,10

HEFT 319
Prof. Dr. C. Kröger, Aachen
Gemengereaktionen und Glasschmelze
1957, 118 Seiten, 53 Abb., 16 Tabellen, DM 26,—

HEFT 370
Dr. phil. habil. F. Schwarz, Köln
Physikochemische Grundlagen der Bildsamkeit von Kalken unter Einbeziehung des Begriffes der aktiven Oberfläche
1958, 90 Seiten, 14 Abb., 16 Tabellen, 36 Titrationen DM 25,10

HEFT 398
Prof. Dr. habil. H. E. Schwiete und Dipl.-Ing. G. Geisdorf, Aachen,
Einlagerungsversuche an synthetischem Mullit I
Prof. Dr. habil. H. E. Schwiete, A. K. Bose und Dr. phil. H. Müller-Hesse, Aachen
Die Zusammensetzung der Schmelzphase in Schamottesteinen I
1957, 58 Seiten, 17 Abb., 17 Tab., DM 14,50

HEFT 399
Prof. Dr. habil. H. E. Schwiete und Dr.-Ing. R. Vinkeloe, Aachen
Möglichkeiten der quantitativen Mineranalyse mit dem Zählrohrgerät unter besonderer Berücksichtigung der Mineralgehaltsbestimmung von Tonen
1958, 102 Seiten, 34 Abb., 1 Tabelle, DM 26,70

HEFT 402
Prof. Dr. habil. W. Linke, Aachen
Die Wärmeübertragung durch Thermopane-Fenster
1958, 30 Seiten, 17 Abb., 2 Tabellen, DM 10,80

HEFT 430
Prof. Dr. G. Garbotz, Aachen und Dr.-Ing. G. Dress, Cadiz
Untersuchungen über das Kräftespiel an Flachbagger-Schneidwerkzeugen in Mittelsand und schwach bindigem, sandigem Schluff unter besonderer Berücksichtigung der Planierschilde und ebenen Schürfkübelschneiden
1958, 142 Seiten, 81 Abb., DM 37,50

HEFT 453
Forschungsinstitut der Feuerfest-Industrie, Bonn
Die Arbeiten der technisch-wissenschaftlichen Kommission der PRE (Vereinigung der europäischen Feuerfest-Industrie)
1957, 62 Seiten, 9 Abb., 18 Tabellen, DM 14,75

HEFT 454
Dr.-Ing. W. Piepenburg, Dipl.-Ing. B. Bühling und Bauing. J. Behnke, Köln
Haftfestigkeit der Putzmörtel
1958, 130 Seiten, 6 Abb., 63 Tabellen, DM 28,30

HEFT 482
Dipl.-Ing. R. Pels-Leusden und Dr. K. Bergmann, Essen
Die Frostbeständigkeit von Ziegeln; Einflüsse der Materialzusammensetzung und des Brandes
1958, 70 Seiten, 31 Abb, 5 Tabellen, DM 20,45

HEFT 484
Prof. Dr. phil. habil. H. E. Schwiete und Dr. G. Franzen, Aachen
Beitrag zur Struktur des Montmorillonit
1958, 76 Seiten, 23 Abb., 6 Tabellen, DM 22,—

HEFT 488
Prof. Dr. phil. habil. H. E. Schwiete, Aachen und Dipl.-Chem. H. Westmark, Recklinghausen
Beitrag zur Kennzeichnung der Texturen von Schamottesteinen
1958, 48 Seiten, 34 Abb., 7 Tabellen, DM 16,80

HEFT 528
Dipl.-Chem. Dr. P. Ney, Köln
Physikochemische Grundlagen der Bildsamkeit von Kalken unter Einbeziehung des Begriffs der aktiven Oberfläche
Dr. F. Schwarz, Köln
Kristallchemische Betrachtung der Bildsamkeit
1958, 96 Seiten, 34 Abb., 6 Tabellen, DM 26,75

HEFT 543
Prof. Dr. phil. habil. H. E. Schwiete, Dr. phil. H. Müller-Hesse und Dipl.-Ing. G. Gelsdorf, Aachen
Einlagerungsversuche an synthetischem Mullit. Teil II
1958, 28 Seiten, 5 Abb., 10 Tabellen, DM 10,—

HEFT 544
Prof. Dr. phil. habil. H. E. Schwiete, Dr.-Ing. A. K. Bose und Dr. phil. H. Müller-Hesse, Aachen
Die Schmelzphase in Schamottesteinen. Teil II
1958, 30 Seiten, 9 Abb., 12 Tab., DM 11,—

HEFT 545
Prof. Dr. phil. habil. H. E. Schwiete, Dr. rer. nat. G. Ziegler und Dipl.-Ing. Ch. Kliesch, Aachen
Thermochemische Untersuchungen über die Dehydration des Montmorillonits
1958, 48 Seiten, 16 Abb., 4 Tabellen, DM 15,40

HEFT 553
Prof. Dr. rer. pol. G. Garbotz und Dipl.-Ing. J. Theiner, Aachen
Untersuchungen der Walzverdichtungsvorgänge auf Lößlehm, Kies und Schotter
in Vorbereitung

HEFT 559
Prof. Dr. phil. habil. H. E. Schwiete und Dipl.-Chem. R. Gauglitz, Aachen
Die Verflüssigung von Montmorillonitschlämmen
1958, 66 Seiten, 15 Abb., 5 Tabellen, DM 19,30

HEFT 634
Institut für Ziegelforschung Essen e. V., Essen-Kray
Verminderung der Streuungen, der Festigkeit und der Sprödigkeit von Ziegeln
in Vorbereitung

HEFT 643
Max-Planck-Institut für Silikatforschung, Würzburg
Spannungsmessungen an Schleifkörpern

HEFT 651
Dr.-Ing. A. Eisenberg, Dortmund
Versuche zur Körperschalldämmung in Gebäuden

HEFT 688
Prof. Dr. H. E. Schwiete, Dipl.-Ing. A. Schüffler, Aachen
Entwicklung einer elektrisch beheizten Apparatur zur Messung von Wärmeleitfähigkeiten feuerfester Materialien bei hohen Temperaturen

HEFT 689
Prof. Dr. H. E. Schwiete, Dipl.-Chem. H. Westmark, Aachen
Die Wärmeleitfähigkeit feuerfester Steine im Spiegel der Literatur

Ein Gesamtverzeichnis der Forschungsberichte, die folgende Gebiete umfassen, kann bei Bedarf vom Verlag angefordert werden:
Acetylen / Schweißtechnik – Arbeitspsychologie und -wissenschaft – Bau / Steine / Erden – Bergbau – Biologie – Chemie – Eisenverarbeitende Industrie – Elektrotechnik / Optik – Fahrzeugbau / Gasmotoren – Farbe / Papier / Photographie – Fertigung – Gaswirtschaft – Hüttenwesen / Werkstoffkunde – Luftfahrt / Flugwissenschaften – Maschinenbau – Medizin / Pharmakologie / Physiologie – NE-Metalle – Physik – Schall / Ultraschall – Schiffahrt – Textiltechnik / Faserforschung / Wäschereiforschung – Turbinen – Verkehr – Wirtschaftswissenschaften.

If you have any concerns about our products,
you can contact us on
ProductSafety@springernature.com

In case Publisher is established outside the EU,
the EU authorized representative is:
**Springer Nature Customer Service Center GmbH
Europaplatz 3, 69115 Heidelberg, Germany**

Printed by Libri Plureos GmbH
in Hamburg, Germany